U0267906

焊条电弧焊

主　编　杨新华
副主编　管志花　王一龙　王艳芳
主　审　杨兵兵　扈成林

北京理工大学出版社
BEIJING INSTITUTE OF TECHNOLOGY PRESS

内 容 提 要

为落实《国家职业教育改革实施方案》文件精神，推进"三教"改革，教材团队基于智能焊接产业发展与"产教融合，双元育人"机制要求，依照高等职业教育专科《智能焊接技术专业教学标准》，参照《焊工国家职业标准》《1+X特殊焊接技术职业技能等级标准》，由国家双高院校教师与企业专家共同编写。本书以培养学生综合职业能力为主线，以实际的工作过程为引导，以培养复合型技术技能人才为目标，针对焊接技术学习领域，融合德国职业资格标准要求与多年实施经验编写而成。

本书内容分为三部分：第一部分为低碳钢焊条电弧焊技能，第二部分为低合金钢焊条电弧焊技能，第三部分为不锈钢焊条电弧焊技能。其中，各操作项目采用"工艺分析"和"技能点拨"的形式，编入了院校教师与企业专家多年提炼出的技术与技能要点，以帮助学生快速提高技术技能水平，培养焊接工程的应用能力与创新能力。

本书根据工作岗位能力要求编写，体现理实一体特点，具有实用性、通俗性、科学性的特点。本书可作为高等院校和中、高职职业院校焊接专业教材，也可供焊接工程人员、焊接培训人员、焊接操作人员学习、借鉴与应用。

图书在版编目（CIP）数据

焊条电弧焊／杨新华主编．－－北京：北京理工大学出版社，2023.9

ISBN 978－7－5763－2925－4

Ⅰ．①焊…　Ⅱ．①杨…　Ⅲ．①焊条－电弧焊　Ⅳ.①TG444

中国国家版本馆 CIP 数据核字（2023）第 187221 号

责任编辑／王玲玲	**文案编辑**／王玲玲
责任校对／周瑞红	**责任印制**／李志强

出版发行／北京理工大学出版社有限责任公司

社　　址／北京市丰台区四合庄路 6 号

邮　　编／100070

电　　话／（010）68914026（教材售后服务热线）
　　　　　　（010）68944437（课件资源服务热线）

网　　址／http://www.bitpress.com.cn

版 印 次／2023 年 9 月第 1 版第 1 次印刷

印　　刷／河北盛世彩捷印刷有限公司

开　　本／787 mm×1092 mm　1/16

印　　张／9.75

字　　数／228 千字

定　　价／66.00 元

前　言

"十四五"期间，随着产业转型升级和技术进步的要求，"就业难"和"招工难"结构性就业矛盾日益突出，高端技术技能人才的严重短缺已成为制约我国制造业发展的"瓶颈"。为贯彻"全国职业教育工作会议"精神，加快培养高素质高技能人才的步伐，编者结合自己多年焊接工作经验，精心提炼焊接技术成果，编写了本书。

本课程根据高职教育对焊接技能的要求，依据劳动和社会保障部制定的《焊工国家职业标准》与中船舰客教育科技有限公司制定的《1＋X特殊焊接技术职业技能等级标准》，按照校企合作的原则，由陕西工业职业技术学院、陕西科技大学共同开发。

本书按照焊接实际生产过程的认知规律，由浅入深、循序渐进安排教学内容，并在技能训练项目中编入了焊接工匠的技能绝招"技能点拨"，达到"教书"和"育人"的双重目的。

本书项目一、项目三由陕西工业职业技术学院杨新华编写，项目二任务一由陕西工业职业技术学院王艳芳编写，项目二任务二由陕西工业职业技术学院王一龙编写，项目二任务三、任务四由陕西科技大学管志花编写。全书由陕西工业职业技术学院杨兵兵教授、中车大同机车电力有限公司扈成林高级技师主审。

本书在编写过程中参考了大量的国内外文献，在此向所有文献的作者表示衷心的感谢和崇高的敬意！

因编者水平有限，加之时间仓促，书中内容难免有不妥之处，恳请广大读者批评指正。

编　者

目　　录

项目一　低碳钢焊条电弧焊技能

任务一　低碳钢板平敷焊

学习目标

1. 知识目标

● 掌握焊接定义、分类、特点及应用，熟悉焊条电弧焊原理、特点与应用。

● 熟悉焊条电弧焊引弧、运条、连接和收尾的基本操作方法。

● 熟悉焊接电弧的形成过程、构造及温度分布特点。

焊接安全与劳动保护

2. 技能目标

● 能根据技术要求与实际生产条件，完成焊前准备工作。

● 具有辨别和控制熔池大小与形状的初步能力，熟练掌握焊条电弧焊平敷焊操作技能，并具有初步的焊缝检查分析能力。

3. 素质目标

● 树立技能成才、技能报国的理想。

● 培养学生的安全意识与质量意识。

● 具有利用现代化手段，进行信息查询、收集、学习与整理的能力。

1.1　任务描述

按表 1 – 1 – 1 的要求，完成焊条电弧焊引弧与平敷焊任务。

表 1 – 1 – 1　低碳钢平敷焊任务

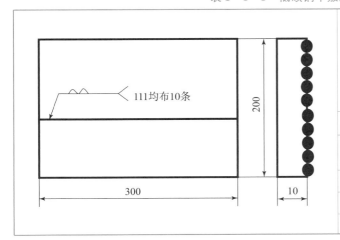

具体要求：

1. 在板的左边缘引弧，然后向右运条。注意保持焊缝的平直。

2. 摆动焊时，每道焊缝重叠 20% ~ 30%，重复以上步骤，直到板完全由熔敷金属覆盖。

焊接方法	焊条电弧焊
焊接设备	ZX7 – 400 BX1 – 315
试板牌号	Q235B
焊条型号	E4303
焊条规格	$\phi 3.2$ mm、$\phi 4.0$ mm

1.2 任务分析

平敷焊是在平焊位置上堆敷焊道的一种操作方法，它是焊条电弧焊技能的基础，主要训练操作者对电弧的认识、对熔池熔渣的认识和控制能力；训练引弧、接头和收尾的操作方法技能，领会焊接参数对焊缝外观形状的影响。对于初学者来说具有一定的难度。

平焊时，由于焊缝处于水平位置，焊条电弧指向试件，熔滴重力、电弧吹力、等离子流力都促进熔滴过渡，所以操作比较容易。允许使用直径较大直径的焊条和较大的焊接电流焊接，生产效率较高。若焊接规范选择得不当和操作不当，也易产生各种焊接缺陷，如果焊接速度不均匀，会得到宽度不一的焊缝；如果焊接电流过大且焊接速度过快，熔渣不能很好地覆盖熔池，会造成焊缝波纹比较粗糙；如果焊接电流偏小且焊接速度较快，会出现熔渣和铁水混合在一起分不清的现象，甚至形成夹渣。

另外，Q235 钢属于低碳钢，强度等级较低，一般用在普通结构上。碳当量小于 0.4%，焊接性良好，无须采取特殊工艺措施。

1.3 任务实施

引弧方法 – 划擦法　　焊前准备

（一）完成焊前准备工作

1. 劳保用品

焊前操作者必须穿戴好劳动防护用品，工作服要宽松，裤脚盖住鞋盖（护脚盖），上衣盖住下衣，不要扎在腰带里。绝缘工作手套不要有油污，不可破漏，佩戴平光防护眼镜。选用合适的护目玻璃色号。牢记焊工操作时应遵循的安全操作规程，在作业中贯彻始终。

2. 焊接设备及工辅量具

本任务为酸性焊条焊接，交流、直流均可。选用 BX1 – 300（动铁式）、BX3 – 300（动圈式）弧焊变压器，也可选 ZXG、ZX5、ZX7 系列直流弧焊电源。

使用前，检查设备电缆线接头是否接触良好，焊钳电缆是否松动，避免因接触不良造成电阻增大而发热，从而烧毁焊接设备。检查安全接地线是否断开，避免因设备漏电而造成人身安全隐患。

作业区附近应备好錾子、清渣锤、锤子、凿子、锉刀、钢丝刷、砂纸、钢直尺、钢角尺、水平尺、活动扳手、直磨机、角磨机、钢丝钳、钢锯条、焊缝万能量规等辅助工具和量具。

3. 焊接材料

选用型号 E4303（牌号 J422），规格 φ3.2 mm、φ4.0 mm 焊条，并进行 75～150 ℃ 烘干，1 h 保温，去除焊条药皮中的水分，降低氢含量，避免产生气孔和冷裂纹。作为练习用，不需烘干，但不可潮湿。

4. 焊接试件

Q235 钢板 300 mm×200 mm×10（12）mm，使用角磨机去除表面锈蚀，露出金属光泽。用手锤矫平，并在钢板上划出焊道位置。

酸性焊条对油锈不敏感，药皮中含有大量的酸性氧化物，可对油锈作用，有效消除气孔的产生。所以，酸性焊条对焊件清理要求不严，如果焊件的锈不严重，并且对焊缝质量要求不高，则可不用清理。

引弧方法 – 直击法

（二）填写焊接工艺卡

焊接工艺卡见表1-1-2。

表1-1-2　焊接工艺卡

焊接工艺卡			学校名称	
工艺卡编号		焊接方法	专业班级	
母材牌号		母材规格	接头简图	
焊接设备型号		电源极性		
焊条型号		焊条直径		
焊接位置		接头形式		
坡口形式		坡口角度		
钝边		间隙		

预热				后热或焊后热处理	
加热方式	预热温度/℃	保温时间/min	层间温度/℃	温度/℃	保温时间/min

焊接参数					
焊层	焊条型号	焊条直径/mm	电压电压/V	焊接速度/(cm·min^{-1})	热输入/(kJ·cm^{-1})

编制：	审核：	批准：

（三）操作过程

焊条电弧焊平敷焊由引弧、运条、连接、收尾四个过程组成。

1. 引弧

所谓引弧，就是利用焊条引燃电弧的过程。引弧方法有划擦法和直击法两种。其中，划擦法比较容易掌握，适用于初学者引弧操作。酸性焊条引弧较容易，同时，为保证焊接表面质量，可采用直击法引弧。先将焊条对准距试件左边缘15～25 mm焊缝，然后将手腕向下弯，轻轻触碰焊件，随后将焊条提起，产生电弧后，迅速调整手腕，控制电弧长度5～6 mm。焊条垂直于试件平面，如图1-1-1所示。

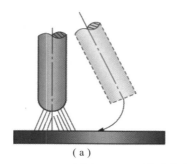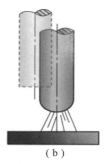

图 1 - 1 - 1　引弧方法示意图

（a）划擦法；（b）直击法

师傅点拨

①焊条提升速度太慢时，焊条和焊件粘在一起造成短路。当出现短路现象时，迅速左右摆动焊条或将焊钳从焊条上取下，以避免烧坏电焊机。

②起头是焊缝的开始，焊件温度低，焊缝余高略高，熔深较浅，甚至出现融合不良和夹渣。为避免以上问题的产生，引弧后，应长弧预热并后退一段距离再进行焊接，即引弧焊与起焊点不是同一点。

2. 运条

焊接过程中，焊条相对焊缝所做的各种动作叫运条。运条是焊接过程中最重要的环节，它直接影响焊缝的外表成形和内在质量。

（1）运条的角度

焊条电弧焊运条角度如图 1 - 1 - 2 所示。

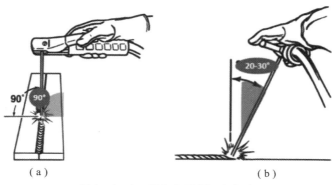

图 1 - 1 - 2　焊条电弧焊运条角度

（a）工作角；（b）行走角

（2）运条方式

常用的运条方法及适用范围见表 1 - 1 - 3。

直线形运条

表 1 - 1 - 3　常用的运条方法及适用范围

运条方法	运条方法示意图	特点及应用
直线形	——————▶	直线形运条法常用于Ⅰ形坡口的对接平焊、多层焊的第一层焊道或多层多道焊
直线往复形	~~~~~~~~▶	这种运条法的特点是焊接速度快、焊缝窄、散热快,适用于薄板或接头间隙较大的多层焊第一层焊道
正月牙形		这种运条方法熔池存在时间长,易于溶渣上浮和气体析出,焊缝较厚
反月牙形		这种运条方法熔池存在时间短,在同样的焊接速度和摆动幅度与频率下,焊缝较薄
锯齿形		焊接时,焊条末端做锯齿形连续摆动和向前移动,并在两边稍停片刻,以防产生咬边,这种方法较易掌握,生产中应用较多
斜锯齿形		这种运条方法可以分散热量,有利于焊缝成形,多用于板的横焊、薄壁管的焊接
正三角形		这种方法一次能焊出较厚的焊缝断面,不易夹渣,生产率高,适用于开坡口的对接接头
斜三角形		这种运条方法能够借助焊条的摇动来控制熔化金属,促使焊缝成形良好,适用于T形接头的平焊和仰焊,以及开有坡口的横焊
正圆圈形		这种运条方法熔池存在时间长,温度高,便于熔渣上浮和气体析出,一般用于较厚焊件的平焊、仰角焊等
斜圆圈形		这种运条方法有利于控制熔池金属不下淌,适用于T形接头的平焊和仰焊、对接接头的横焊
八字形		这种运条方法能保证焊缝边缘得到充分加热,熔化均匀,保证焊透,适用于带有坡口的厚板对接焊

师傅点拨

　　运条方法的选择应根据接头的形式、装置间隙、空间位置、焊条直径与性能、焊接电流以及焊工技能水平等因素而定。正确地选用运条方法是焊接技能的一个重要标志。

圆圈形运条

　　(3)操作方法

　　引弧后,稍微拉长电弧(大于焊条直径即可),手臂向试件左端边缘移动(相当于对焊缝起头部分进行电弧预热），当电弧到达试件边缘时，预热结束，压低电弧（小于焊条直径），稍作停顿，同时，扭动手腕调整焊条角度，前进角80°～90°，工作角90°。匀速移动电弧，并观察电弧燃烧情况、熔渣铁水流动情况，为保证焊接质量，电弧要适当地运动即运条。焊条的运动同时有三个方向：朝熔池方向逐渐送进、沿焊接方向移动、沿焊缝横向摆动。

焊接过程中，眼睛注视电弧燃烧情况、熔池长大情况、熔渣和铁水流动情况，并通过大脑中枢及时调整手臂动作，控制熔池、熔渣。正常情况下，熔池在电弧下后方，在熔渣下前方，呈蛋圆形紧跟电弧向前移动，而熔渣呈上浮状覆盖在熔池的后面，紧跟熔池向前移动。

若出现熔渣超前，应将焊条前倾，并将焊条端部向后推顶，利用电弧力，将熔渣推后；若熔池熔渣混渣不清，说明熔池温度不足，应该放慢前移速度，调大焊条角度，甚至调大焊接电流；若出现熔渣后拖，熔池变长，完全暴露，说明熔池温度过高，或焊条角度太小，应加快前移速度，或调大焊条角度，减小电弧力向后作用。

师傅点拨

熔池中的液体是由液体金属和熔渣组成的混合物，分清铁液和熔渣是焊接操作的一个关键。一般情况下，铁液超前，熔渣滞后；电弧下的铁液温度高（颜色较亮），密度大，处于熔池下方，而熔渣温度低（颜色较暗），密度小，处于熔池的上方。识别铁液和熔渣主要是通过护目玻璃观察其颜色，通常发亮的是铁液，较暗的是熔渣。一般的经验是通过绿光玻璃去看熔渣是黑色，液体金属是白色或淡黄色；通过黄光玻璃去看熔渣是深黄色，液体金属是黄白色。焊接熔池如图1-1-3所示。

图1-1-3 焊接熔池

3. 连接

常用接头方法有两种：冷接法、热接法。

冷接法：适于初学者，将焊缝收弧处的渣壳清除，在弧坑前方10～15 mm处引弧，拉长电弧回焊，至弧坑处覆盖原弧坑2/3，压低电弧稍作停顿，转入正常焊接，如图1-1-4所示。

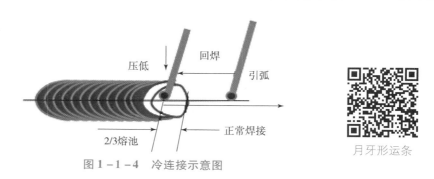

图1-1-4 冷连接示意图

月牙形运条

热接法：不去渣壳，更换焊条动作要快，迅速利落，已焊的焊缝收弧处熔池还没有冷却，处于红热状态时，焊条端部对准原熔池直接引弧，引弧后稍微停顿，即转入正常焊接。此方法适于熟练焊工，初学者由于动作不能协调，引弧不能一次成功，焊条易黏结。

师傅点拨

在实际操作过程中，由于焊条长度有限，长焊缝不可能一次焊完，接头是不可避免的，焊条电弧焊接头的形式如图1－1－5所示。接头不仅影响焊缝外观成形，同时还影响到焊缝的内部质量，在实际操作中应根据实际情况与技术要求而定。

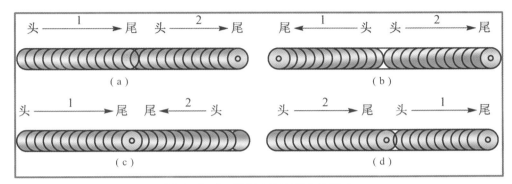

图1－1－5　焊条电弧焊接头的形式

（a）尾头相连；（b）头头相连；（c）尾尾相连；（d）头尾相连

4. 收尾

焊条电弧焊收尾的三种方法：画圈法、反复断弧法、回焊法，如图1－1－6所示。画圈法收尾适用于中板厚焊接，薄板有烧穿的危险；反复断弧法收尾适用于薄板焊接，但碱性焊条不宜用此法，因为容易产生气孔；回焊收尾法是当焊至终点时，焊条停止前行，但改变焊接角度，并回焊一小段（约5～10 mm）的距离，等填满弧坑后再拉断电弧，此方法适用于碱性焊条。

锯齿形运条

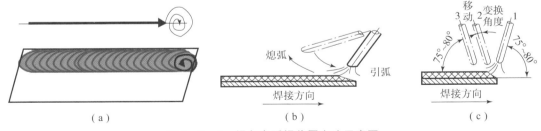

图1－1－6　焊条电弧焊收尾方法示意图

（a）画圈法收尾；（b）反复断弧法收尾；（c）回焊法收尾

（四）完成焊后工作

完成焊条电弧焊引弧与平敷焊任务后，关闭焊接电源，清理焊件，清扫场地，按规定摆放工具，并做好设备、材料使用记录，确认无安全隐患后方可离开实训场所。

师傅点拨

焊缝外观成形不仅与操作水平有关，与焊接参数也有很大关系，不同工艺参数条件下的平敷焊焊道外观如图 1-1-7 所示。能正确识别与分析平敷焊焊道外观成形是焊条电弧焊入门的基础，初学者应该理论联系实际，不断分析总结，为进一步学习焊条电弧焊奠定牢固的基础。

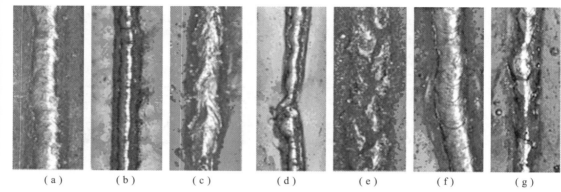

（a）　　　（b）　　　（c）　　　（d）　　　（e）　　　（f）　　　（g）

图 1-1-7　不同工艺参数条件下的平敷焊焊道外观

（a）成型良好：合适的焊接电流、弧长与焊接速度；

（b）焊接电流太小：焊缝窄，无熔深；

（c）焊接电流太大：焊缝宽，表面粗糙，有飞溅；

（d）电弧电压太低，焊速快，焊缝窄，呈虫状；

（e）电弧电压太高：焊缝宽，有严重的夹渣与飞溅；

（f）焊接速度太慢：焊缝宽而高，表面无明显波纹；

（g）焊接速度太快：焊缝窄，并且不均匀；焊缝中间高，两头低

划圈收尾

1.4　任务检查

由学生自检、互检和教师检查，对焊缝各项目进行质量检查，找出产生缺陷的原因。

（一）检查内容

①焊缝是否平滑过渡，连接处是否存在过高或脱节情况，收尾处弧坑是否填满。

②检查焊缝整体直线度，任意 100 mm 长度的焊缝内，直线度≤1 mm。

③检查焊缝是否有裂纹、表面气孔、夹渣、咬边等缺陷，其中咬边深度≤0.5 mm。

④检查焊缝余高，余高≤3 mm。

⑤焊件表面不应有电弧划伤的痕迹。

（二）记录表

完成记录表（表 1-1-4）。

表 1-1-4　记录表

项目	焊条直径/mm	焊道宽度/mm	焊接电流/A	焊接速度/(mm·min⁻¹)	是否摆动（是/否）	比较总结
单焊道宽度比较						

项目	焊条直径/mm	焊道宽度/mm	焊接电流/A	焊接速度/(mm·min⁻¹)	是否摆动（是/否）	比较总结
单焊道余高比较						
单焊道波纹						
单焊道咬边						
单焊道夹渣						
单焊道接头						

注：按照所用的焊条直径、焊接电流及速度、摆动与否，对各项目检查并记录对比。

1.5 知识链接

反复断弧

（一）焊条电弧焊概述

1. 原理

焊条电弧焊（Shielded Metal Arc Welding，SMAW）的原理是利用焊条和焊件之间产生的电弧热，将焊条和焊件局部加热到熔化状态，焊条端部熔化后的熔滴和熔化的母材熔合，一起形成熔池。随着电弧向前移动，熔池液态金属逐步冷却结晶，形成焊缝，如图 1-1-8 所示。

2. 特点

焊条电弧焊与其他的熔焊方法相比，具有以下特点：

（1）操作灵活

由于焊条电弧焊设备简单、移动方便、电缆长、焊把轻，因而广泛应用于平焊、立焊、横焊、仰焊等各种空间位置和对接、搭接、角接、T 形接头等各种接头形式的焊接。无论是在车间内还是在野外施工现场，均可采用。

（2）待焊接头装配要求低

由于焊接过程由焊工手工控制，可以适时调整电弧位置和运条姿势，修正焊接参数，以保证跟踪接缝和均匀熔透。因此，对焊接接头的装配精度要求相对降低。

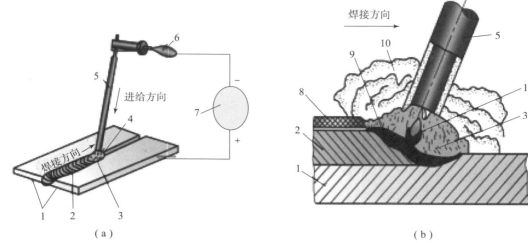

1—焊件；2—焊缝；3—熔池；4—电弧；5—焊条；6—焊钳；7—焊机；
8—渣壳；9—熔渣；10—气体；11—熔滴。

图 1-1-8　焊条电弧焊原理示意图
（a）焊条电弧焊；（b）焊条电弧焊的局部图

（3）可焊金属材料广

焊条电弧焊广泛应用于低碳钢、低合金结构钢的焊接。选配相应的焊条，焊条电弧焊也常用于不锈钢、耐热钢、低温钢等合金结构钢的焊接，还可用于铸铁、铜合金、镍合金等材料的焊接，以及耐磨损、耐腐蚀等特殊使用要求的构件进行表面层堆焊。

（4）焊接生产率低，焊接成本较高

焊条电弧焊与其他电弧焊相比，由于其使用的焊接电流小，每焊完一根焊条后，必须更换焊条，并清渣等，故这种焊接方法的熔敷速度慢，焊接生产率低，导致焊接人工费用高。

（5）焊接质量受人为因素的影响大

虽然焊接接头的力学性能可以通过选择与母材力学性能相当的焊条来保证，但焊缝质量在很大程度上依赖于焊工的操作技能及现场发挥，甚至焊工的精神状态也会影响焊缝质量。

3. 应用

焊条电弧焊由于具有操作灵活、可焊金属材料广等优点，适用于各种金属材料、各种厚度、各种位置、各种结构形状的焊接，广泛应用于管道安装、压力容器制造等。但由于焊条电弧焊生产率低、焊接质量受人为因素影响较大，因此，在一定程度上也限制了它的应用。

（二）焊接电弧基础

1. 电弧形成

当焊条与焊件瞬时接触时发生短路，强大的短路电流经少数几个接触点，致使接触点处温度急剧升高并熔化，甚至部分发生蒸发。当焊条迅速提起时，焊条端头的温度已升得很高，在两电极间的电场作用下，带电粒子定向移动，这些

回焊

带电质点的定向运动便形成了焊接电弧，即电弧是在工件与焊条两电极之间的气体介质中持续、强烈地放电现象，电弧形成过程如图 1 - 1 - 9 所示。

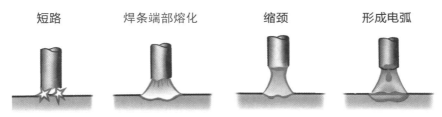

图 1 - 1 - 9　焊条电弧焊电弧形成过程

带电粒子的产生方式有气体电离和阴极电子发射两种类型，电弧放电的特点是：电压低、电流大、温度高、发光强。

2. 电弧构造

焊接电弧是由焊接电源供给的，在具有一定电压的两电极间，或电极与母材间的气体介质中，产生强烈而持久的放电现象。焊接电弧主要由阴极区、阳极区和弧柱区三部分组成。焊接电弧的构造如图 1 - 1 - 10 所示。

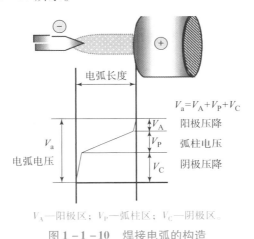

V_A—阳极区；V_P—弧柱区；V_C—阴极区。

图 1 - 1 - 10　焊接电弧的构造

焊条电弧焊原理

①阴极区：电子发射区，热量约占 36%，平均温度 2 400 K。

②阳极区：受电子轰击区域，热量约占 43%，平均温度 2 600 K。

③弧柱区：阴、阳两极间区域，几乎等于电弧长度，热量 21%，弧柱中心温度可达 6 000 ~ 8 000 K。

3. 电弧温度分布

焊接电弧中，轴向三个区域的温度分布是不均匀的，如图 1 - 1 - 9 所示。阴极区和阳极区的温度较低，弧柱温度较高，阴极、阳极的温度则根据焊接方法的不同有所差别，如图 1 - 1 - 11（a）所示。常用焊接方法中，等离子弧焊温度最高，其次是钨极氩弧焊、熔化极气体保护焊和焊条电弧焊。

电弧径向温度分布的特点是：弧柱轴线温度最高，沿径向由中心至周围温度逐渐降低，如图 1 - 1 - 11（b）所示。

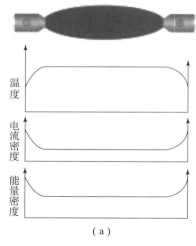

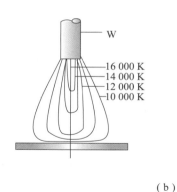

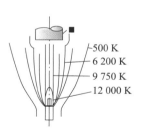

（a）　　　　　　　　　　　　　　　　　（b）

图 1 - 1 - 11　电弧温度分布

（a）电弧轴向温度分布；（b）电弧径向温度分布

电弧基础知识（一）

拓展知识

焊工职业岗位

按照 2018 版焊工国家职业技能标准（GZB 6 - 18 - 02 - 04），焊工是指操作焊机或焊接设备，焊接金属工件的人员。本职业分为电焊工、气焊工、钎焊工、焊接设备操作工四个工种，其中，电焊工工种可分为五级（初级工）、四级（中级工）、三级（高级工）、二级（技师）、一级（高级技师）。

按照 2022 年人力资源社会保障部制定出台的《关于健全完善新时代技能人才职业技能等级制度的意见（试行）》，为健全技能岗位等级设置，畅通技能人才职业发展通道，对设有高级技师的职业（工种），可在其上增设特级技师和首席技师技术职务（岗位），在初级工之下补设学徒工，形成由学徒工、初级工、中级工、高级工、技师、高级技师、特级技师、首席技师构成的职业技能等级（岗位）序列。

焊接技术在航空航天、轨道交通、能源装备等行业应用广泛，各行业的职业工作环境、焊接方法与设备、焊接技能要求也有很大的差别。现代工业生产中焊工的主要岗位见表 1 - 1 - 5。

表 1 - 1 - 5　现代工业生产中焊工的主要岗位

序号	岗位名称	主要岗位职责
1	电焊工	1. 电弧焊设备检查、焊接材料准备、焊接工装与夹具检查等准备工作。 2. 根据焊接工艺指导书，选择合适的焊接工艺，进行产品部件、零件的焊接。 3. 焊缝质量的检查、缺陷的清理、补焊重焊工作
2	气焊工	1. 气焊设备与工具的检查、母材的清理、场地安全检查等准备工作。 2. 选择合适的焊接工艺，进行产品部件、零件的焊接。 3. 焊缝质量的检查、缺陷的清理、补焊重焊工作

续表

序号	岗位名称	主要岗位职责
3	钎焊工	1. 钎焊设备检查、焊接材料准备、焊接工装与夹具检查等准备工作。 2. 选择合适的焊接工艺和原材料，进行产品部件、零件的焊接。 3. 焊缝质量的检查、缺陷的清理、补焊重焊工作
4	焊接设备操作工	1. 焊接设备的调试、焊接工艺试验、焊接工装与夹具检查等准备工作。 2. 正确操作各种焊接设备（如埋弧焊机等），并进行产品的焊接。 3. 焊接设备的检查维护、焊缝质量的检查、缺陷的清理、补焊重焊工作

焊工的拓展岗位主要有：

焊接工艺技术：焊接工艺编制人员、焊接工艺评定人员、焊接机器人调试人员等。

焊接质量检验：无损检测人员、外观检验人员等。

焊接生产管理：调度员、班组长、生产计划员、工段长、生产经理等。

1.6 拓展任务

低碳钢板碱性焊条平敷焊

任务要点如下：

①碱性焊条比酸性焊条焊接电流小，同规格的焊条焊接电流约小10%。电弧基础知识（二）

②碱性焊条比酸性焊条焊接时弧长短，否则容易产生气孔。

③酸性焊条焊缝成形较好，熔深较浅，碱性焊条熔深稍大，容易堆高。

④酸性焊条熔渣结构呈玻璃状，碱性焊条熔渣呈结晶状。

⑤酸性焊条脱渣容易，而碱性焊条第一层脱渣困难（温度低时脱渣困难）。

⑥酸性焊条焊接时，比碱性焊条烟尘量大。

习题

一、填空题

指明焊条电弧焊各示意部分的名称。

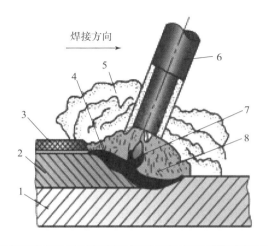

1 = _____ 2 = _____

3 = _____ 4 = _____

5 = _____ 6 = _____

7 = _____ 8 = _____

二、选择题

1. 采用酸性焊条焊接薄板时，一般采用（　　　）收尾方法。

A. 划圈法　　　　　　B. 反复断弧法　　　　C. 回焊法　　　　　　D. 以上都可以

2. 以下关于焊条电弧焊的特点，（　　　）是错误的。

A. 焊接质量受人为因素的影响大　　　　　B. 焊接成本低

C. 操作方便灵活　　　　　　　　　　　　D. 对焊接装配的要求低

3. 薄板 I 形坡口的对接平焊，一般采用（　　　）运条方法。

A. 直线形　　　　　　B. 锯齿形　　　　　　C. 月牙形　　　　　　D. 三角形

4. 下面（　　　）是造成焊缝波纹比较粗糙的主要原因。

A. 焊接电流过大　　　B. 焊接电流过小　　　C. 焊接速度太慢　　　D. 焊接电压过低

5. 在焊接电流等一定的条件下，常用焊接方法中，（　　　）温度最高。

A. 焊条电弧焊　　　　　　　　　　　　　B. 熔化极气体保护焊

C. 钨极氩弧焊　　　　　　　　　　　　　D. 等离子弧焊

三、简答题

1. 简述焊条电弧焊原理。

2. 简述电弧的构造与温度分布特点。

3. 简述焊条电弧焊平敷焊操作过程。

焊缝符号
（箭头侧与非箭头侧）

任务二 低碳钢板 V 形坡口对接平焊

学习目标

1. 知识目标

- 掌握电弧力种类及电弧力对焊接过程的影响。
- 熟悉焊条电弧焊熔滴过渡的类型及特点。
- 熟悉电弧磁偏吹的产生原因及防止措施。
- 掌握焊条电弧焊低碳钢板 V 形坡口对接平焊工艺要点与操作方法。

2. 技能目标

- 具有低碳钢板 V 形坡口对接平焊的焊前准备能力。
- 具有低碳钢板 V 形坡口对接平焊的焊接操作能力。
- 具有低碳钢板 V 形坡口对接平焊焊缝的检查分析能力。

3. 素质目标

- 培养学生尊重劳动、崇尚劳动、热爱劳动、敬畏劳动的精神品质。
- 培养学生爱岗敬业、一丝不苟、精益求精的工匠精神。

2.1 任务描述

按表 1-2-1 的要求，完成工件实作任务。

表 1-2-1 低碳钢板 V 形坡口对接平焊任务表

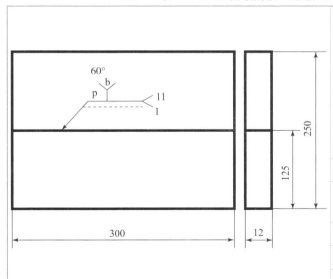

具体要求：

1. 会编制低碳钢板 V 形坡口对接平焊单面焊双面成形的装焊方案，并实施。

2. 会选择低碳钢板 V 形坡口对接平焊单面焊双面成形的焊接参数，并编制工艺卡。

3. 掌握低碳钢板 V 形坡口对接平焊单面焊双面成形的技术要求及操作要领，并能焊接出合格的焊缝。

焊接方法	焊条电弧焊
焊接设备	ZX7-400 BX1-315
试板牌号	Q235B
焊条型号	E4303
焊条规格	$\phi3.2$ mm、$\phi4.0$ mm

2.2 任务分析

本项目为低碳钢板 V 形坡口对接平焊单面焊双面成形，焊缝处于空间水平位置，由于存在装配间隙，熔池受重力作用，并且电弧吹力、等离子流力、熔池重力都指向下方，熔池易向焊缝背面下坠，甚至烧穿。所以，焊接中熔池温度不宜过高，充分利用熔池表面张力作用抵消重力等合力作用，保持熔池形状、位置稳定。若熔池温度太高，则表面张力减小，重力等合力大于熔池表面张力，则熔池形状变化、位置下坠，造成背面余高太大，甚至焊瘤、烧穿等缺陷；但熔池温度也不宜过低，否则由于热输入不足，造成未熔合、夹渣等缺陷。

平焊熔孔效应不明显，若有明显熔孔，背面余高显著增大，甚至产生焊瘤、烧穿。焊接操作时，电弧作用时间不宜太长，焊条角度选择要正确，要有利于散热，使熔池温度不会太高，避免张力减小；焊道不宜太厚，避免熔池重力增大。打底焊焊道越薄越好，采用较小电流、较快频率进行操作。

采用较小的焊条直径和较小的焊接电流实施打底焊。焊条工作角度为90°，前进角度为60°~70°。在焊接过程中，采用短弧焊，根据熔池温度高低变化，前进角度从左向右应有由大到小的变化。根据焊件接头形式的特点和焊接过程中熔池温度的情况，灵活运用适当的运条法。

2.3 任务实施

（一）完成焊前准备工作

劳保用品、焊接设备及工辅量具、焊接材料、焊接试件准备见任务一。

本项目试件的装配与定位焊操作要领如下：为了保证焊透但又不能烧穿，必须留有合适的对接间隙和合理的钝边。根据母材的性质及打底焊方法，选择与正式焊接同型号的焊条，在试件两端坡口内侧点固，焊点长度为10~15 mm，高度为6~7 mm，以保证固定点强度，抵抗焊接变形时的收缩，并打磨斜坡便于接头，装配定位如图1-2-1所示。然后将焊件放在离地面一定距离的水平工装面上，间隙较小的一端在左，向右焊接。

电弧力（二）

2°~3°   打磨斜坡

图1-2-1 装配定位

各种焊接位置试件装配尺寸见表1-2-2。

表1-2-2 各种焊接试件装配尺寸

焊缝位置	试件厚度/mm	坡口角度/(°)	间隙/mm	钝边/mm	反变形角/(°)	错边量/mm
平焊	12	60	前3后4	0.5~1	3	≤1
立焊	12	60	下3上4	0.5~1	5	≤1
横焊	12	60	前3后4	0.5~1	7	≤1
仰焊	12	60	前3后4	0.5~1	3	≤1

（二）填写焊接工艺卡

见任务一。

本任务焊接参数见表 1 - 2 - 3。

表 1 - 2 - 3 焊接参数

层次		焊条直径/mm	焊接电流/A	运条方法
	固定焊	3.2	90 ~ 100	
	打底焊	3.2	70 ~ 85	连弧焊
	填充焊（2 层）	4	140 ~ 180	直线或锯齿
	盖面焊	4	140 ~ 160	直线或锯齿

熔滴过渡

（三）操作过程

1. 打底焊

碱性焊条打底宜采用连弧焊，以降低气孔产生概率。在试件左端固定点中部引弧，回拉电弧至固定点左端部，小锯齿向右摆动，至固定点右端压低电弧，同时，加大焊条前进角度为 80° ~ 90°，击穿根部打开熔孔，稍微停顿形成熔池，然后变换焊条前进角度为 50° ~ 75°，做锯齿形往复摆动，在坡口两侧做适当停顿，补够铁水，使其熔池饱满。焊接中始终要求短弧焊接，焊条运条均匀，摆动幅度、前移尺寸大小相等，保持 2/3 的电弧在前一个熔池上，1/3 电弧用来击穿熔孔，通过坡口间隙对坡口背面熔池进行保护。焊接过程中，注意观察控制熔孔大小保持一致，熔池形状相同，使正反两面焊缝高低宽窄一致。整条焊缝厚度为 3 ~ 4 mm。如图 1 - 2 - 2 所示。

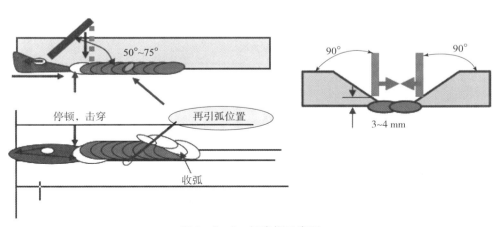

图 1 - 2 - 2 打底焊示意图

师傅点拨

观察熔池形状，控制熔池温度

焊接过程中，注意观察熔池的形状，正常形状为半圆形；若熔池变为月牙形，说明熔池温度过高，铁水开始下坠，此时应及时调整运条速度，或加大上移步伐，或停止焊接；若熔池变成椭圆形，说明热输入不足，坡口两侧没有熔合，应放慢运条速度，增加两侧停留时间，如图 1 - 2 - 3 所示。

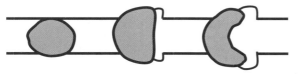

温度过低　　　温度正常　　　温度过高

图 1-2-3　熔池温度与形状

磁偏吹 1

磁偏吹 2

当然，打底焊采用灭弧焊也可以，灭弧焊时，熄弧时间的控制是灭弧焊的重点，是保证焊接质量的关键。一般可以根据焊缝熔池的温度、大小的变化来控制熄弧时间的长短。由于焊接位置不同，熄弧时间也不同，操作者可根据实焊接情况适当调整熄弧时间。

一根焊条即将用完，准备做收弧处理，方法是增大焊条角度，压低电弧，形成预制熔孔，然后向后移动电弧并逐渐提高电弧到坡口一侧，使熔池逐渐缩小，让收弧点落在后面的坡口面上。

热接头：更换焊条要迅速，不等熔池完全冷却，在熔孔前方 15~20 mm 处引燃电弧，快速拉至熔孔处，加大焊条角度做适当停顿，听到击穿声后，变换焊条角度正常焊接，如图 1-2-4 所示。

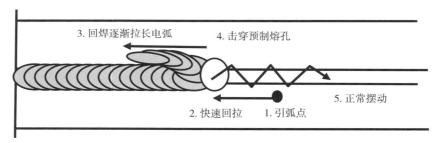

图 1-2-4　收弧和接头

冷接头：去除熔渣，在熔池后方 10~15 mm 引弧，与开始焊接方法相同。

2. 填充焊

为了保证焊接质量，填充层应该分两层焊接完成，第一填充层主要消除熔合打底焊道的潜在缺陷，保证焊道厚度与工件表面相距一致；第二填充层主要修整焊道高度平齐。

填充焊前，彻底清理底层熔渣，用扁铲铲除接头高点和焊瘤，使底层焊道基本平整。

第一填充层，焊条直径为 4 mm，调节焊接电流为 140 A 左右，焊条工作角 90°，前进角 70°~80°，采用小锯齿运条，在试件左端 20 mm 处引弧，拉到最端部压低电弧稍做停顿，待形成熔池，锯齿摆动，中间一带而过，坡口两边做适当停顿，主要熔合打底时坡口两侧形成的沟槽。由于坡口较窄，摆动频率要慢，注意观察熔池长大情况，坡口两侧停顿时间要长，否则又形成新的沟槽。运条步伐稍大，避免熔池温度太高而烧穿，如图 1-2-5 所示。

第二填充层，焊条直径为 4 mm，调节焊接电流为 180 A 左右，焊条工作角 90°，前进角 85°~90°，采用锯齿形或凸月牙形运条，摆动幅度大于第一填充层，运条步伐稍小，使整条焊缝平整，焊缝厚度 3~4 mm。电弧摆动到坡口两侧时，焊条药皮紧压坡口面，避免电弧外

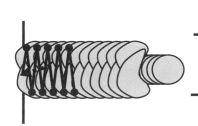 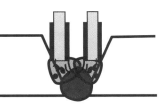 

消除打底层两侧夹沟　　　　未消除打底层两侧夹沟

图 1-2-5　填充层 1

漏烧损棱边，并适当停顿，以焊道表面边 0.5~1 mm，又不破坏坡口棱边为好，为盖面层留作参考基准，如图 1-2-6 所示。

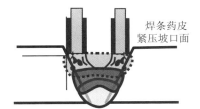 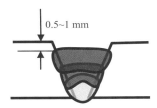

图 1-2-6　填充层 2

填充接头时，尽量采用热接头，迅速更换焊条，在熔池前方划擦引燃电弧，移动电弧压弧坑 2/3 沿弧坑轮廓摆动一次，转为正常运条，如图 1-2-7 所示。

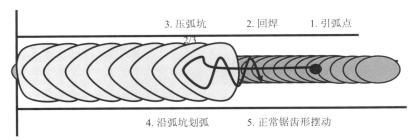

图 1-2-7　热接头示意图

注意：碱性焊条，焊接始终采用短弧焊接，不得拉长电弧。

板对接横位焊接　　　板对接横位焊接　　　板对接横位焊接　　　板对接横位焊接
（一）　　　　　　　（二）　　　　　　　（三）　　　　　　　（四）

3. 盖面焊

清除前层焊道熔渣，控制层间温度为 100 ℃ 左右，与填充焊第二层方法相同，摆动幅度稍大，根据填充焊道深度大小，决定运条速度快慢。焊条摆动到坡口两侧时，焊条电弧中心对准坡口棱边，形成熔池后，熔掉棱边 1.5 mm 左右，焊后产生余高 1~2 mm 为宜。焊接过程中，特别要注意坡口两侧停顿，控制摆动幅度的大小，以获得宽窄一致、高低一样的光滑焊缝。为防止咬边，可采用凸月牙形运条，如图1－2－8所示。

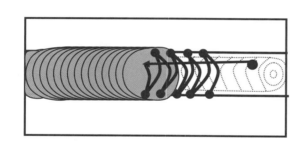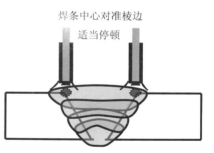

图1－2－8　盖面焊操作

师傅点拨

盖面焊操作要点

①电弧太长，熔滴过渡不良，会造成咬边，为使熔池铁水不缺失，除采用短弧焊接外，避免采用凹月牙运弧，采用凸月牙运弧方法能够最大限度地避免咬边缺陷。

②焊条摆幅要一致，形成熔池后，熔掉棱边1.5 mm左右为宜，否则，焊缝宽窄不一致。

（四）完成焊后工作

见本项目任务一。

焊条的组成与分类

2.4　任务检查

由学生自检、互检和教师检查，对焊缝各项目进行质量检查，找出产生缺陷的原因。

（一）检查内容

目视或5倍放大镜检查，试件两端20 mm内的缺陷不计，V形坡口对接平焊外观尺寸如图1－2－9所示，检查内容如下：

①焊缝表面不得有裂纹、未熔合、夹渣、气孔、焊瘤和未焊透等缺陷。

②焊缝直线度≤2 mm；宽度比坡口每增宽0.5～2.5 mm，宽度差≤3 mm。

③焊缝与母材圆滑过渡；焊缝余高0～3 mm，余高差≤3 mm。

④咬边深度≤0.5 mm，咬边总长≤10%焊缝长度。

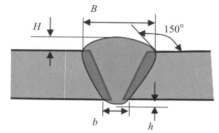

$H=1+0.1B$
$h=1+0.15b$
$B=2\tan\beta+$间隙+两侧增宽

图1－2－9　低碳钢板V形坡口对接平焊外观尺寸

（二）评分标准

1. 外观评分

外观评分标准见表 1-2-4。

【扈成林】V 形坡口板对接焊条立焊（一）

【扈成林】V 形坡口板对接焊条立焊（二）

【扈成林】V 形坡口板对接焊条立焊（三）

表 1-2-4　低碳钢板 V 形坡口板对接试件外观评分标准

检查项目	标准、分数	焊缝等级				实际得分
		I	II	III	IV	
焊缝余高	标准/mm	0~1	>1，≤2	>2，≤3	>3，<0	
	分数	6	4	2	0	
焊缝高低差	标准/mm	≤1	>1，≤2	>2，≤3	>3	
	分数	4	3	1	0	
焊缝宽度	标准/mm	≤20	>20，≤21	>21，≤22	>22	
	分数	3	2	1	0	
焊缝宽窄差	标准/mm	≤1.5	>1.5，≤2	>2，≤3	>3	
	分数	4	2	1	0	
咬边	标准/mm	0	深度≤0.5 且长度≤15	深度≤0.5 长度>15，≤30	深度>0.5 或长度>30	
	分数	10	8	6	0	
未焊透	标准/mm	0	深度≤0.5，且长度≤15	深度≤0.5，长度>15，≤30	深度>0.5，或长度>30	
	分数	6	5	3	0	
背面焊缝凹陷	标准/mm	0	深度≤0.5 且长度≤15	深度≤0.5，长度>15，≤30	深度>0.5 或长度>30	
	分数	4	3	2	0	
错边量	标准/mm	0	≤0.7	>0.7，≤1.2	>1.2	
	分数	4	2	1	0	
角变形	标准/mm	0~1	≥1，≤3	>3，≤5	>5	
	分数	4	3	2	0	
焊缝正面外表成形		优	良	一般	差	
	标准/mm	成形美观，焊纹均匀细密，高低宽窄一致	成形较好，焊纹均匀，焊缝平整	成形尚可，焊缝平直	焊缝弯曲，高低宽窄明显，有表面焊接缺陷	
	分数	5	3	1	0	

2. 无损检测

射线探伤按照《焊缝无损检测 射线检测》（GB/T 3323.1—2019）标准执行，评级按照《焊缝无损检测 射线检测验收等级》（GB/T 37910.1—2019）标准评定焊缝质量，不低于 Ⅱ 级为合格。

2.5 知识链接

（一）作用在熔滴上的力

根据熔滴上作用力来源的不同，可将其分为重力、表面张力、电弧力等，它对熔滴过渡、熔池的形状和大小、焊缝成形、飞溅大小、焊接质量均产生很大的影响。其中，电弧力是指焊接电弧中存在的机械作用力，它是焊接电弧中电场和热场对气体粒子的作用。焊接电弧力根据产生力的直接原因和表现形式，可分为电弧收缩力、等离子流力、斑点力等。

1. 重力

平焊时，金属熔滴的重力起促进熔滴过渡作用。但是在立焊及仰焊时，熔滴的重力阻碍了熔滴向熔池过渡，成为阻碍力。熔滴上的重力作用如图 1-2-10 所示。

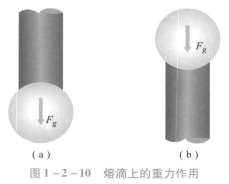

（a）　　　　　　（b）

图 1-2-10　熔滴上的重力作用
（a）平焊；（b）仰焊

推力电流　　　　　焊接设备　　　　　负载持续率

2. 表面张力

液体金属像其他液体一样，具有表面张力，即液体在没有外力作用时，其表面积会尽量减小，缩成圆形，对液体金属来说，表面张力使熔化金属成为球形。熔滴上表面张力作用如图 1-2-11 所示。焊条金属熔化后，其液体金属并不会马上掉下来，而是在表面张力的作

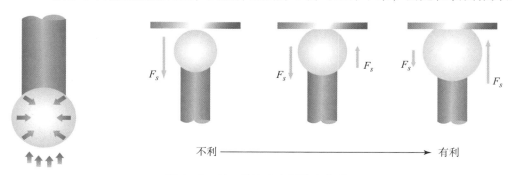

不利　————————————————→　有利

图 1-2-11　熔滴上表面张力作用

用下形成球滴状悬挂在焊条末端。随着焊条不断熔化，熔滴体积不断增大，直到作用在熔滴上的作用力超过熔滴与焊芯界面间的张力时，熔滴才脱离焊芯过渡到熔池中。

表面张力对平焊时的熔滴过渡并不利，但在仰焊等其他位置的焊接时，却有利于熔滴过渡，其一是熔池金属在表面张力作用下，倒悬在焊缝上而不易滴落；其二是当焊条末端熔滴与熔池金属接触时，会由于熔池表面张力的作用，而将熔滴拉入熔池。

3. 电磁收缩力（电弧静压力）

电磁收缩力是两个导体电流方向相同而产生的吸引力。电流越大，电磁收缩力越大。小截面收缩严重，径向力大；大截面收缩不严重，径向力小。电弧静压力由小截面指向大截面。熔滴上电磁收缩力作用如图 1 - 2 - 12 所示。

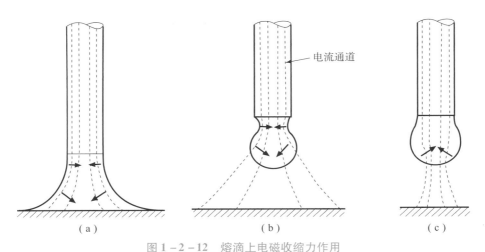

图 1 - 2 - 12　熔滴上电磁收缩力作用

（a）（b）促进熔滴过渡；（c）阻碍熔滴过渡

4. 等离子流力（电弧吹力）

在电弧中，由于电弧推力引起高温气流的运动所形成的力称为等离子流力。熔滴上等离子流力作用如图 1 - 2 - 13 所示。在手工电弧焊时，焊条药皮的熔化稍微落后于焊芯的熔化，在药皮末端形成一小段尚未熔化的"喇叭"形套管。套管内有大量的药皮造气剂分解产生的气体，气体因加热到高温，体积急剧膨胀，并顺着未熔化套管的方向，以挺直（直线的）而稳定的气流冲去，把熔滴吹到熔池中去。

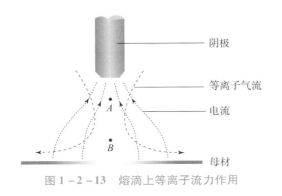

图 1 - 2 - 13　熔滴上等离子流力作用

反月牙运条

正月牙运条

5. 斑点力

斑点力包括：

①正离子或电子对对熔滴的冲击力（阴极斑点受到正离子的撞击力远大于阳极斑点受到电子的撞击力，即，阴极斑点力远远大于阳极斑点力，因此，反接时易获得细颗粒过渡。斑点面积比较小时，阻碍熔滴过渡；斑点面积比较大时，促进熔滴过渡）。

平角焊

②电极材料蒸发时产生的反作用力（阻碍熔滴过渡）。

熔滴上斑点力作用如图 1-2-14 所示。

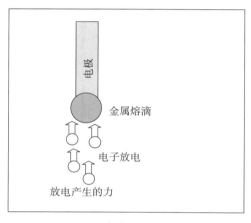 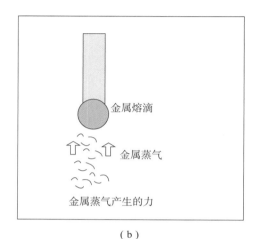

（a）   （b）

图 1-2-14 熔滴上斑点力作用

（a）电荷粒子间冲击力；（b）熔滴上金属蒸气的反作用力

6. 爆破力

当熔滴内部含有易挥发金属或由于冶金反应而生成气体时，都会使熔滴内部在电弧高温作用下，气体积聚和膨胀而造成较大的内力，从而使熔滴爆炸而过渡。熔滴上爆破力作用如图 1-2-15 所示。

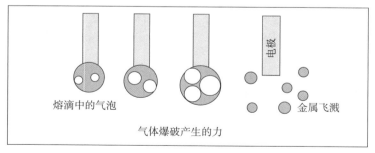

图 1-2-15 熔滴上爆破力作用

师傅点拨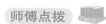

焊条电弧焊时，作用在熔滴上的力种类较多，但从作用上看，大体可归纳为三类：

第一类是促进熔滴过渡，即无论在什么情况下，这类力总是促使熔滴和焊条末端相脱离，属于这一类的有等离子流力。

第二类是阻碍熔滴过渡，即无论在什么情况下，这类力总是阻碍熔滴同焊条末端相脱离，属于这一类的力有斑点压力。

第三类对熔滴的作用根据焊接条件而变化，可能是促进熔滴过渡，也可能阻碍熔滴过渡。属于这一类的有重力、表面张力和电磁收缩力。

（二）熔滴过渡

焊条电弧焊时，在焊条（或焊丝）端部形成的熔滴通过电弧空间向熔池转移的过程，称为熔滴过渡，它对焊接过程有重要影响。焊条电弧焊接过程中，焊条末端焊芯首先熔化，紧接着焊条末端药皮内层熔化，然后药皮外层熔化。这样焊条的药皮就形成了套筒，使焊条电弧焊进入了相对稳定的时期。焊条电弧焊熔滴过渡如图 1 - 2 - 16 所示。

（a） （b）

图 1 - 2 - 16 焊条电弧焊熔滴过渡

（a）熔滴过渡示意图；（b）焊接时形成的套筒

焊条电弧焊熔滴过渡形式如下：

焊接参数

1. 粗滴过渡

①熔滴过渡的尺寸较大，一般与焊条直径相当。

②产生条件：表面张力小于重力。

③过渡频率：1 ~ 3 次/min。

2. 渣壁过渡

①熔滴过渡的尺寸一般不超过焊芯直径。

②特点：在焊芯的端面上，可以同时存在两个或两个以上的熔滴，不会发生一个熔滴占据焊芯的整个端面的现象。

③过渡频率：比粗滴过渡快。

3. 爆炸过渡

①产生大量飞溅。

②产生条件：由于冶金反应，内压足够大时。

③过渡频率：30 ~ 50 次/min。

4. 喷射过渡

①熔滴呈细碎的颗粒从套筒中喷射出来。

②过渡频率：100 ~ 150 次/min。

5. 自由过渡

①产生条件：熔滴远离了焊条末端，自由飘落于熔池。

②往往伴随着其他过渡形式发生。

焊条电弧焊熔滴过渡形态与工艺特性关系见表1-2-5。

表1-2-5　焊条电弧焊熔滴过渡形态与工艺特性关系

过渡形式	电弧挺度	焊接飞溅	焊接烟雾	电弧连续性	工艺稳定性
粗滴过渡	差	大	小	不连续	差
渣壁过渡	好	最小	小	连续	最好
爆炸过渡	差	大	大	不连续	差
喷射过渡	最好	最大	最大	连续	好

（三）电弧磁偏吹

1. 定义

直流电弧焊时，焊接电弧因受电磁力的作用而产生偏吹的现象称为磁偏吹。磁偏吹示意图如图1-2-17所示。焊接过程中，因气流的干扰、焊条药皮偏心和磁场的磁力作用的影响，使电弧中心偏离焊条轴线的偏移现象，称为焊接电弧的偏吹。

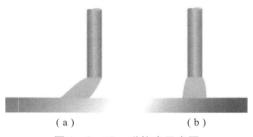

焊接电压

图1-2-17　磁偏吹示意图

（a）磁偏吹电弧；（b）正常的电弧

2. 产生原因

电弧磁偏吹产生的根本原因是电弧周围磁场不均匀（常常由于工件上电流的不均匀造成），受到的洛伦兹力不平衡，从而电弧就产生了偏转，即磁偏吹。磁偏吹产生原因众多，见表1-2-6。

表1-2-6　磁偏吹影响因素

序号	影响因素	具体因素	说明
1	材料	材料物理性能	磁性材料磁偏吹倾向严重，金属材料中铁、镍、钴等元素含量高的钢磁偏吹严重（但不包括奥氏体不锈钢）
2	焊接电源	电源种类	直流电源比交流电源磁偏吹严重

序号	影响因素	具体因素	说明
3	焊接准备	装配情况	角接比对接磁偏吹严重
		焊缝分布	纵向焊缝磁偏吹严重
		地线夹有无磁性	磁性地线夹磁偏吹严重
		地线与电弧的位置	地线与电弧的位置远时，磁偏吹严重
		接头设计	V 形坡口比 J 形坡口磁偏吹严重
4	焊接方法与工艺	焊接方法	电压较小的焊接方法磁偏吹严重，管子打底焊时常用 TIG 焊，这种情况下磁偏吹严重；细丝 MIG 焊时，焊接电流与电压都较小，这种情况下磁偏吹严重
		焊接电流大小	焊接电流大时磁偏吹严重
		焊接方向	直通焊磁偏吹严重
		电弧长短	长弧焊接磁偏吹严重
5	工件大小	工件大小	焊接工件体积大且结构复杂时，磁偏吹倾向大
6	焊接环境	压力大小	高压环境下焊接比普通压力下焊接时，磁偏吹倾向大

3. 防止措施

常用的防止措施如下：

①适当改变焊件上接地线位置，尽可能使电弧周围的磁力线均匀分布。改变地线位置，从而防止磁偏吹的示意图如图 1 - 2 - 18 所示。

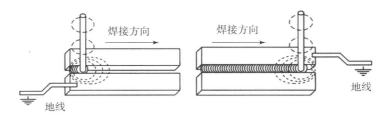

图 1 - 2 - 18　改变地线位置

②适当调节焊条倾角，将焊条朝偏吹方向倾斜，并且采用短弧焊接。改变焊条倾角，从而防止磁偏吹的示意图如图 1 - 2 - 19 所示。

图 1 - 2 - 19　改变焊条倾角

工作角与行走角（1）　工作角与行走角（2）　工作角与行走角（3）　工作角与行走角（4）

③采用分段退焊法以及短弧焊法，也能有效地克服磁偏吹。

④采用交流焊接代替直流焊接。当采用交流电焊接时，因变化的磁场在导体中产生感应电流，而感应电流所产生的磁场削弱了焊接电流所引起的磁场，从而控制了磁偏吹。

⑤安放产生对称磁场的铁磁材料，尽量使电弧周围的铁磁物质分布均匀。

⑥减少焊件上的剩磁。焊件上的剩磁主要是原子磁畴排列整齐有序而造成的。为紊乱焊件的磁畴排列，从而达到减少或防止磁偏吹的目的，可对焊件上存在剩磁的部位进行局部加热，加热温度为 250～300 ℃。经生产使用，去磁效果良好。此外，在焊件的剩磁部位外加磁铁平衡磁场。

知识拓展

一、上坡焊与下坡焊

根据焊件倾斜位置不同，有上坡焊和下坡焊之分。上坡焊与后倾作用相似，下坡焊与前倾作用相似，二者的区别如图 1－2－20 所示。

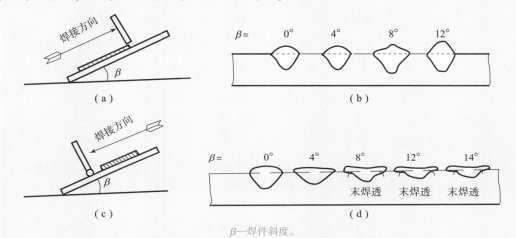

β—焊件斜度。

图 1－2－20　焊件斜度对焊缝成形的影响

（a）上坡焊；（b）上坡焊焊件斜度的影响；（d）下坡焊；（d）下坡焊焊件斜度的影响

二、定位焊

焊接定位焊时，必须注意以下几点要求：

①定位焊选用焊条应与正式焊接时完全一样。

②定位焊作为整条焊缝的一部分，必须焊透。定位焊的焊点内，不能出现未熔合、气孔、夹渣、裂纹等缺陷。因此，定位焊缝的起头和收尾处应圆滑，以防止未焊透。

夹渣

③定位焊焊接电流比正式施焊电流大 10%～15%，这是由于工件开始温度低，采用较大电流焊接以保证焊透。

④定位焊的长度不宜过长，更不宜过高或过宽。碳钢薄板焊件定位焊，焊缝长度一般为 3～5 mm，只是一个圆点，另外，定位焊焊点间隔 20～50 mm，较厚的工件定位焊时，焊缝的长度为 15～25 mm，间隔 100～250 mm。开有坡口的焊件定位焊时，以焊缝金属高度不超过焊件厚度的 2/3 为宜。

⑤定位焊应注意合理选择点固焊顺序，直缝点固焊顺序可采用依次顺序定位和两端固定定位。

2.6 拓展任务

低碳钢板Ⅰ形坡口对接平焊

任务要点如下：对于焊条电弧焊，一般来说，最大熔透厚度为 3 mm，因此，当板厚≤6 mm 时，一般采用Ⅰ形坡口；当板厚≤3 mm 时，采用单面焊，当板厚>3 mm 时，采用双面焊。对于Ⅰ形坡口，要保证焊透。需注意装配间隙与熔深的关系，在其他焊接条件一定的情况下，间隙越小，熔深也越小。即板厚大时，间隙也应大一些。

未焊透

本任务与碳钢板 V 形坡口对接平焊操作方法相似，只是运条方式一般用直线或直线往返运条。打底层熔深要达到板厚的 2/3，彻底清理焊渣后方可进行盖面焊，盖面焊宜采用大直径焊条，大电流进行焊接。

习题

一、填空题

1. 直流电弧焊时，焊接电弧因受电磁力的作用而产生偏吹的现象称为_____。

2. 焊条电弧焊时，在焊条端部形成的熔滴通过电弧空间向熔池转移的过程，称为_____。

3. 在电弧中，由于电弧推力引起高温气流的运动所形成的力称为_____。

4. 焊条电弧焊接头的方法有热接法和_____法两种。

5. 根据焊件倾斜位置不同，可分为上坡焊和_____两种。

二、选择题

1. （　　）不属于电弧力。

A. 电弧收缩力　　　　B. 等离子流力　　　　C. 斑点力　　　　D. 表面张力

2. （　　）一定促进熔滴过渡。

A. 等离子流力　　　　B. 表面张力　　　　C. 重力　　　　D. 电弧收缩力

3. 焊条电弧焊（　　）熔滴过渡形式工艺稳定性最好。

A. 粗滴过渡　　　　B. 渣壁过渡　　　　C. 爆炸过渡　　　　D. 喷射过渡

4. （　　）不会产生磁偏吹。

A. 低碳钢　　　　B. 低合金高强度钢　　C. 奥氏体不锈钢　　D. 铸铁

5. （　　）方法能有效地克服磁偏吹。

A. 采用分段退焊法以及短弧焊法

B. 将焊条朝偏吹方向倾斜，并且采用短弧焊接

C. 采用直流电源焊接代替交流电源焊接

D. 安放产生对称磁场的铁磁材料

三、简答题

1. 简述板对接定位焊时的注意事项。

2. 简述电弧力对熔滴过渡的影响。

3. 简述磁偏吹的主要防止措施。

任务三　低碳钢板 V 形坡口对接横焊

学习目标

1. 知识目标

- 掌握焊条组成、分类与表示方法。
- 熟悉焊条的选用、使用与管理。
- 掌握焊条电弧焊低碳钢板 V 形坡口对接横焊工艺要点与操作方法。

2. 技能目标

- 具有低碳钢板 V 形坡口对接横焊的焊前准备能力。
- 具有低碳钢板 V 形坡口对接横焊的操作能力。
- 具有低碳钢板 V 形坡口对接横焊焊缝的检查分析能力。

3. 素质目标

- 培养学生尊重劳动、崇尚劳动、热爱劳动、敬畏劳动的精神品质。
- 培养学生爱岗敬业、一丝不苟、精益求精的工匠精神。

咬边

3.1　任务描述

按表 1 – 3 – 1 的要求，完成工件实作任务。

表 1 – 3 – 1　低碳钢板 V 形坡口对接横焊任务表

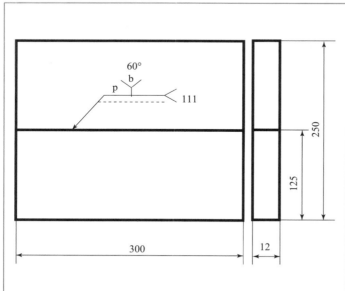

具体要求：

具体要求：

1. 会编制低碳钢板 V 形坡口对接横焊单面焊双面成形的装焊方案，并实施。

2. 会选择低碳钢板 V 形坡口对接横焊单面焊双面成形的焊接参数，并编制工艺卡。

3. 掌握低碳钢板 V 形坡口对接横焊单面焊双面成形的技术要求及操作要领，并能焊接出合格的焊缝。

焊接方法	焊条电弧焊
焊接设备	ZX7 – 400 BX1 – 315
试板牌号	Q235B
焊条型号	E4303
焊条规格	$\phi 3.2$ mm、$\phi 4.0$ mm

3.2　任务分析

本任务为低碳钢板 V 形坡口对接横焊单面焊双面成形，由于焊条的倾斜以及上下坡口的角度影响，使电弧对上下坡口的加热不均匀（上坡口受热较好，下坡口受热较差），给操作带来困难。同时，熔池金属因受重力作用下坠，造成坡口上侧熔孔清晰可见，而由于坡口下侧熔孔模糊不清，也给焊接操作带来不利因素，难以操作，不易控制。

所以，为使熔滴顺利过渡，在焊接操作中要保持短弧操作，电弧指向上坡口，一方面，利用电弧吹力将熔滴推向上方，另一方面，利用电弧吹力托住熔池；在焊接操作中注意观察熔池形状变化，灵活变换焊条角度以控制熔池温度，达到焊接质量要求。为避免熔池重力的影响，发挥熔池张力的作用，电弧作用时间不宜太长，熔池温度过高，表面张力减小，在重力的作用下，熔池下流，造成背面焊道上侧内凹，甚至咬边，下侧下坠，产生焊瘤；但温度也不宜过低，否则，由于热输入不足，造成未熔合、夹渣等缺陷。由于电弧指向上坡口，如果操作不当，下坡口易产生未熔合。在进行板对接横焊时，焊条工作角度为 70°～90°，前进角度为 70°～80°。

在焊接过程中，根据熔池温度高低变化，前进角度从左向右应有由大到小的变化。采用较小的焊条直径和较小的焊接电流短弧焊接。根据焊件接头形式的特点和焊接过程中熔池温度的情况，灵活运用适当的运条法。

3.3　任务实施

（一）完成焊前准备工作

劳保用品、焊接设备及工辅量具、焊接材料、焊接试件准备见任务一。

焊接位置

师傅点拨

横焊时由于焊接道数多，因此反变形比平焊时稍大。

（二）填写焊接工艺卡

本任务焊接参数见表 1-3-2。

表 1-3-2　焊接参数

层次		焊条直径/mm	焊接电流/A	运条方法
	固定焊	3.2	90～100	
	打底焊	3.2	100～120	断弧焊
	填充 1	3.2	110～130	直线或锯齿
	填充 2	4	140～160	直线或锯齿
	盖面焊	4	140～150	直线或锯齿

（三）操作过程

1. 打底焊

以酸性焊条为例，打底采用断弧焊，但对操作者技能要求较高。在试件左端固定点上侧引燃电弧，稍做调整，此时焊条前进角为 70°～80°，工作角为 70°～90°，缓慢移动电弧，至固定点根部压低电弧稍做停顿，并加大焊条前进角度 80°～90°，击穿根部打开熔孔（熔掉根部约 1 mm），稍微停顿形成熔池，移动电弧到下坡口停顿，熔化钝边 0.5 mm，并且坡口母材熔化后，迅速向左上侧拉断电弧；注意观察熔池冷却情况，待熔池颜色变暗，焊条端部对准熔孔边缘再次引燃电弧，击穿根部并形成熔池，向前下侧移动电弧到坡口下侧，稍做停顿，迅速向左上方拉断电弧，如此反复形成焊缝，如图 1－3－1 所示。焊接中始终要求短弧焊接，焊条运条均匀，摆动幅度、前移尺寸大小相等，后一个熔池覆盖前一个熔池 2/3，2/3 的电弧在前一个熔池上，1/3 电弧用来击穿熔孔，通过坡口间隙对坡口背面熔池进行保护。一根焊条即将用完，用反复灭弧法将熔池向后回拉焊条至上坡口面 10 mm 左右做收弧，以形成缓坡，利于后续连接。

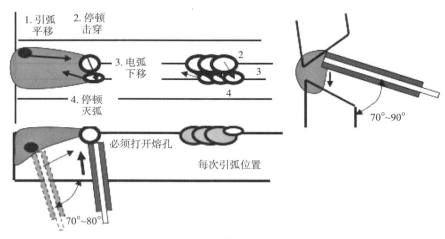

图 1－3－1　横焊断弧打底

热接头：更换焊条要迅速，不等熔池完全冷却，直接在坡口上侧熔孔边上边缘引燃电弧，听到击穿根部声音时，向下移动电弧，转入正常焊接，如图 1－3－2 所示。冷接头：去除熔渣，在熔池前方 10～15 mm 引燃电弧，然后预热 2～3 s，迅速将电弧移至坡口上侧熔孔边缘，采用与热接头相同的方法进行焊接，与开始焊接方法相同。

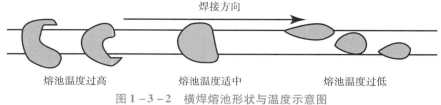

图 1－3－2　横焊熔池形状与温度示意图

横焊接头时，焊条的落点比平焊时靠前（平焊接头时，焊条的落点在前熔池的 1/3～1/2 处，横焊时，焊条的落点在熔池的前沿端部），这是因为焊条向上倾斜，上板得到的能量较大，如果前后熔池重叠太多，易造成焊缝下坠。接头时，焊条落点的位置一方面影响到焊缝的成形；另一方面，也影响到正反面渣的分布，即影响到焊缝的保护效果。

奥氏体不锈钢的焊接

观察熔池形状，控制熔池温度

焊接过程中，注意观察控制熔孔大小保持一致，熔池形状相同，使正反两面焊缝高低宽窄一致。整条焊缝厚度约 3～4 mm。正常形状为半圆形或马蹄形；若熔池变为桃形或心形，说明熔池中部温度过高，铁水开始下坠，此时应及时调整运条速度，调整焊条前进角，增大摆动幅度，增长坡口两侧停顿时间，或加大前移步伐；若熔池呈椭圆形，说明整体热输入不足，或坡口两侧没有熔合，或上侧、或下侧坡口没有熔合，应放慢运条速度，增长两侧停留时间，如图 1-3-2 所示。

2. 填充焊

彻底清理底层熔渣，用扁铲铲除接头高点和焊瘤，使底层焊道基本平整。为了保证焊接质量，第一填充层两道完成，均采用直线往返或小斜圈运条，并调节焊接电流，保证焊道厚度与工件表面相距一致。

第一层第一道，在试件左端引弧，甩掉前几个熔滴，压低电弧，并使电弧中心对准下焊趾，直线或小斜圈运条，焊条前进角为 75°～85°，工作角为 95°～110°，观察并控制熔池熔合状况，主要熔合打底层坡口下侧形成的沟槽，消除潜在缺陷，使焊道与下坡口良好熔合，圆滑过渡。第二道时，电弧中心对准上焊趾直线或小斜圈运条，焊条前进角为 70°～80°，工作角为 70°～85°，观察并控制熔池熔合情况，电弧运到坡口上侧稍慢，主要熔合坡口上侧形成的沟槽，消除可能的缺陷，并覆盖第一焊道 1/3 或 1/2，又使焊道与上坡口良好熔合，圆滑过渡，如图 1-3-3 所示。

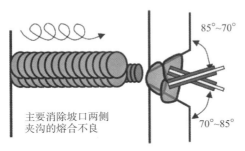

不锈钢表面
不锈原理

图 1-3-3　填充层（第一层）操作示意图

第二填充层，分上下三道完成，均采用直线往返或小斜圈形运条，以保证填充层整体平整。第一道电弧中心对准下焊趾，前进角为 80°～85°，工作角为 95°～105°，调整摆动幅度及运条速度，控制熔池与下坡口良好熔合，并且焊趾距坡口面约 1.5 mm 为宜。第二道电弧中心对准第一道上焊趾，前进角为 80°～85°，工作角为 80°～85°，调整摆动幅度及运条速度，控制熔池与第一道良好熔合，且覆盖第一道 1/2 或 2/3。使前后两道熔合平整。第三道电弧中心对准第二道上焊趾，前进角为 80°～85°，工作角为 70°～80°，调整摆动幅度及运条速度，控制熔池既要覆盖第二道 1/2 或 1/3，又要与上坡口良好熔合，并使填充层焊缝整体平整，上焊趾距坡口面约 0.5 mm 为宜，不破坏坡口棱边，为盖面层留作参考基准，如图 1-3-4 所示。

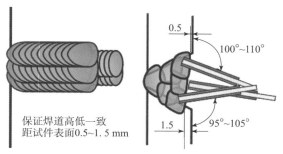

保证焊道高低一致
距试件表面0.5~1.5 mm

0.5
100°~110°
1.5
95°~105°

图 1 - 3 - 4　填充层（第二层）操作示意图

师傅点拨

填充层焊接过程中，注意观察熔池的形状。多层多道焊时，焊缝熔池正常形状为扁椭圆前凹形；若椭圆熔池变凸为桃形或心形，说明熔池温度过高，铁水开始下坠，此时应及时调整运条速度；若椭圆熔池变得细窄，在水平方向断开，表明运条速度过快，热输入不足，应放慢运条速度，如图 1 - 3 - 5 所示。

运条慢，
温度过高，熔池下坠

运条速度正常，
熔池呈马蹄形

运条过快，
温度较低，熔池断开

图 1 - 3 - 5　运条速度与熔池温度、形状

填充层接头时，尽量采用热接头，迅速更换焊条，在熔池前方向后划擦引燃电弧，压弧坑2/3沿坑轮廓摆动一次，转为正常运条。最好不要在最下道和最上道接头，中间焊道接头要错开，如图 1 - 3 - 6 所示。

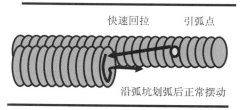

快速回拉　　引弧点

沿弧坑划弧后正常摆动

图 1 - 3 - 6　填充层接头方法

3. 盖面焊

清除前层焊道熔渣和飞溅物，控制层间温度为100 ℃左右，与填充焊方法相同，摆动幅度稍大，根据填充焊道深度大小，决定运条速度快慢。根据焊条直径大小、坡口宽度尺寸选择4或5道盖面。

第一道主要控制焊道与坡口下侧面的良好熔合，熔掉棱边 0.5 mm 且平直，焊道不易太高，以免下坠；第二道主要控制熔池要切好覆盖第一道高棱，第三道切好覆盖第二道高棱，第四道覆盖第三道高棱，最后一道要顾及焊道与坡口上侧面良好熔合，熔掉棱边 0.5 mm 且平直，填满熔池，避免咬边，必要时可在上坡口适当停顿；焊条与焊接方向（前进角）呈 70°～80°角，焊条与垂向夹角（工作角）如图 1 – 3 – 7 所示，以保证熔池不致下流。焊后产生余高 1～2 mm 为宜。焊接过程中，特别要注意控制摆动幅度的大小，以获得宽窄一致、高低一样的光滑焊缝，如图 1 – 3 – 7 所示。盖面层接头时，尽量采用热接头，迅速更换焊条，在熔池前方向后划擦引燃电弧，压弧坑 2/3 沿弧坑轮廓摆动一次，转为正常运条。最好不要在最下道和最上道接头，中间焊道接头要错开。

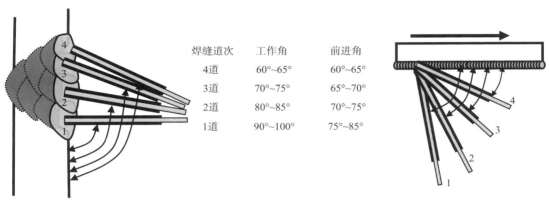

焊缝道次	工作角	前进角
4道	60°～65°	60°～65°
3道	70°～75°	65°～70°
2道	80°～85°	70°～75°
1道	90°～100°	75°～85°

图 1 – 3 – 7　盖面焊焊条角度示意图

师傅点拨

　　盖面层多道焊接时，每道焊道焊后不宜马上敲渣，需盖面焊焊完后一起敲渣，这是因为下面的渣对上面的熔池有支撑作用，有利于焊缝成形。同时，由于渣对焊缝的保护时间较长，焊缝的金属光泽也好。

（四）完成焊后工作

见本项目任务一。

3.4　任务检查

见本项目任务二。

3.5　知识链接

（一）焊条组成

　　焊条是供焊条电弧焊焊接过程中使用的涂有药皮的熔化电极，它由焊芯和药皮两部分组成。焊芯作用如下：一是传导电流；二是作为填充金属（主要含碳、锰、硅、硫、磷元素）。药皮作用如下：一是稳弧作用；二是保护作用，焊接过程中产生保护气体，以及形成熔渣，对高温的熔池和焊缝形成保护；三是冶金作用，一方面，通过向焊缝过渡其他有益合金元素；另一方面，通过药皮中的脱氧剂与熔化金属发生冶金作用，减少硫、磷等有害杂质对焊缝质量的影响，以提高焊缝金属的力学性能；四是改善焊接工艺性能的作用。

（二）焊条分类

电焊条有两种分类方法：按焊条用途分类；按药皮熔化后熔渣的特性分类。

①按焊条用途分类，可分为非合金钢及及细晶粒钢焊条、热强钢焊条、不锈钢焊条、堆焊焊条、铸铁焊条、铜及铜合金焊条、铝及铝合金焊条、镍及镍合金焊条等。

②按焊条药皮熔化后的熔渣特性分类，可分类酸性焊条和碱性焊条，区别见表1-3-3。

表1-3-3 酸性焊条与碱性焊条区别

序号	酸性焊条	碱性焊条
1	熔渣的成分为酸性氧化物	熔渣的成分为碱性氧化物和氟化钙
2	对水、铁锈敏感性不大	对水、铁锈敏感性大
3	电弧稳定，交直流两用	直流反接，加稳弧剂可交直流两用
4	焊接电流较大	同比约小10%
5	可长弧操作	必须短弧操作
6	合金元素过渡效果差	合金元素过渡效果好
7	熔深较浅，焊缝成形较好	熔深稍深，焊缝成形一般
8	熔渣呈玻璃状，脱渣较方便	焊缝呈结晶状，脱渣不及酸性焊条
9	焊缝含硫和扩散氢含量较高	脱氧、硫、磷能力强
10	焊缝的常、低温冲击韧度一般	焊缝的常、低温冲击韧度较高
11	焊缝的抗裂性较差	焊缝的抗裂性较好
12	焊缝的含氢量较高，影响塑性	焊缝的含氢量低
13	焊接时烟尘较少	焊接时烟尘较多
14	适用于一般低碳钢和强度等级较低的普通低合金钢结构的焊接	适用于合金钢和重要碳钢结构的焊接

③按药皮种类分类，主要有钛铁矿型、钛钙型、高纤维素型、低氢型等。

④按焊条性能分类，主要有低尘、低毒焊条、立向下焊条、超低氢焊条、铁粉高效焊条、水下焊条等。

（三）焊条表示方法

1. 非合金钢及细晶粒钢焊条

按照GB/T 5117—2012《非合金钢及细晶粒钢焊条》，焊条型号按熔敷金属力学性能、药皮类型、焊接位置、电流类型、熔敷金属化学成分等进行划分。型号示例如图1-3-8所示。

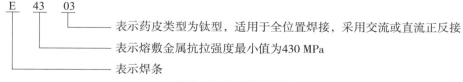

图1-3-8 型号示例

2. 热强钢焊条

按照 GB/T 5118—2012《热强钢焊条》，型号示例如图 1 - 3 - 9 所示。

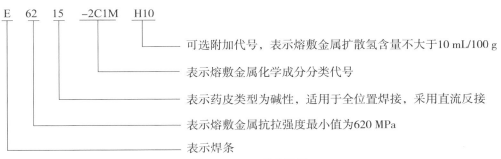

图 1 - 3 - 9　型号示例

其中，熔敷金属化学成分用"×C×M×"表示，标识"C"前的整数表示 Cr 的名义含量，"M"前的整数表示 Mo 的名义含量。对于 Cr 或者 Mo，如果名义含量少于 1%，则字母前不标记数字。

（四）焊条的选用

在实际生产中选用焊条时，除根据钢材的化学成分、力学性能、工作环境等要求外，还应考虑结构状况、受力情况和设备条件等综合因素考虑。

①低碳钢、中碳钢、低合金——应按"等强度"原则选用。当结构刚性大，受力复杂时，应选比刚才强度低一级的焊条。

②不锈钢、耐热焊接或堆焊时——按母材的"等成分"原则选用。

③异种钢焊接时，一般选用较低强度等级相匹配的焊条。

常用钢号推荐焊条选用见表 1 - 3 - 4。

表 1 - 3 - 4　常用钢号推荐焊条选用

类别	钢号	焊条型号	焊条牌号
碳素钢和低合金钢	Q235A + Q355	E4303	J422
	20、20R + Q355、16MnR	E4315	J427
		E5015	J507
不锈钢	06Cr13	E410 - 15 E410 - 16	G202、G207
	022Cr19Ni10	E308 - 15 E308 - 16	A102、A107
碳素钢与奥氏体不锈钢	20、20R、Q355、16MnR +0Cr18Ni9Ti	E309 - 16	A302
		E309Mo - 16	A132

（五）焊条的管理与使用

1. 焊条管理

焊条的管理主要包括验收、保管、领用和发放，焊条管理分为一级库管理、二级库管理和焊工焊接时的管理。焊条管理流程如图 1 − 3 − 10 所示。

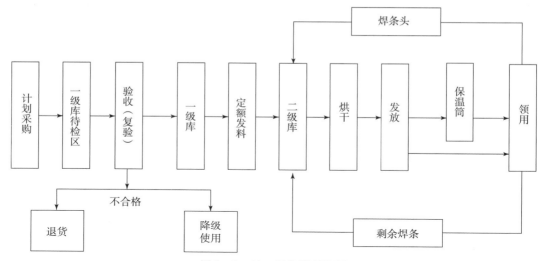

图 1 − 3 − 10　焊条管理流程

根据 JB/T 3223—2017《焊条质量管理规程》的规定，焊条的储存应符合以下条件：

①存放于通风区，并且距地面与墙保持一定距离。离地面或墙壁的距离应在 0.3 m 以上的木架上，防止受潮变质。

②必须放在通风良好、干燥的库房内，室内温度在 10 ～ 25 ℃，相对湿度不超过 60%。

③明确标记入库日期，并且将其置于明显的位置。

④应分类、分型号存放，避免混淆。焊条型号、直径等信息应保持清晰可见。

2. 焊条使用

酸性焊条烘干的温度为 75 ～ 150 ℃，时间为 1 ～ 2 h。酸性焊条由于对水分产生气孔的敏感性不大，所以烘干温度相对要低一些。对于碱性焊条，过高的烘干温度也是不合适的：一是浪费能源；二是当烘干温度超过 500 ℃时，药皮中的某些成分（如 $CaCO_3$）就要发生分解，起不到应有的保护作用。

知识拓展

不同类型药皮焊条的性能及应用

1. 快速凝固焊条（Fast Freeze）

主要性能及应用如下：①药皮中含有高纤维素。②全位置焊接。③熔深大，强电弧（电压高）。④焊渣较薄。⑤对装配要求不是很严格。⑥对待焊处的夹杂不敏感。⑦常用于管道焊接。

2. 高熔数率焊条（Fast Fill）

主要性能及应用如下：①药皮中含有较多的铁粉。②一般只能平位与横位焊接。③熔池冷却速度较慢。④焊渣较厚。⑤需无间隙装配。⑥对夹杂不敏感。⑦常用于 5 mm 以上母材的焊接。

3. 快速焊接焊条（Fill Freeze）

主要性能及应用如下：①药皮成分为钛基铁粉。②焊波均匀，飞溅小，脱渣性好。③熔深小，适用于薄板焊接。④比快速凝固焊条效率更高，是快速凝固焊条和高熔敷率焊条的混合型焊条。

4. 低氢焊条（Low Hydrogen）

主要性能及应用如下：①药皮以碳酸盐和萤石为主——对水汽敏感。②全位置焊接。③焊缝力学性能好，是高质量焊接的首选。

3.6 拓展任务

低碳钢板单边 V 形坡口对接横焊

任务要点如下：当考虑焊接成本时，有时需要开单边 V 形坡口。本任务与低碳钢板 V 形坡口对接横焊操作方法相似，最大的区别是焊条角度，第一层、第二层焊接时，焊条角度向下，如图 1－3－11 所示，以保证下板的熔合，否则，会造成未熔合焊接缺陷。

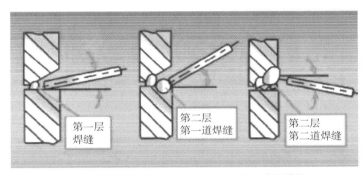

第一层焊缝

第二层第一道焊缝

第二层第二道焊缝

图 1－3－11 低碳钢板单边 V 形坡口对接横焊

习题

一、填空题

1. 焊条由_____和_____两部分组成。

2. E4303 焊条中的 43 表示_____。

3. 焊条按熔化后渣的酸碱度分类，可分为_____和_____两类。

4. 低碳钢焊接时，焊条应按_____原则选用。

5. 不锈钢焊接时，焊条应按_____原则选用。

二、选择题

1. 焊条型号与（　　　）无关。

A. 熔敷金属力学性能 　　　　　　　B. 药皮类型

C. 电流类型 　　　　　　　　　　　D. 焊条直径

2. 关于酸性焊条与碱性焊条的区别，以下说法错误的是（　　　）。

A. 酸性焊条比碱性焊条对水、铁锈敏感性大

B. 酸性焊条比碱性焊条合金元素过渡效果差

C. 酸性焊条比碱性焊条焊缝的抗裂性较好

D. 酸性焊条比碱性焊条焊接时烟尘较少

3. 关于焊条的管理，（　　）说法是错误的。

A. 应分类、分型号存放，避免混淆　　　　　B. 与温度无关

C. 应存放于通风区　　　　　　　　　　　　D. 明确标记入库日期

4. 以下（　　）不是非合金钢及细晶粒钢焊条。

A. E4303　　　　　　　B. E5028　　　　　　C. E5510　　　　　　D. E5515 - 2CMVNb

5. 酸性焊条的烘干温度为（　　　）。

A. 75 ~ 150 ℃　　　　　B. 150 ~ 200 ℃　　　　C. 200 ~ 250 ℃　　　　D. 250 ~ 300 ℃

三、简答题

1. 简述焊条药皮的作用。

2. 简述焊条的选用原则。

3. 简述低碳钢板 V 形坡口对接横焊的工艺特点。

任务四　低碳钢板 V 形坡口对接立焊

1. 知识目标
- 掌握弧焊电源的原理与分类。
- 熟悉焊条电弧焊电源表示方法与主要技术参数。
- 熟悉弧焊电源的特点及选用方法。
- 掌握焊条电弧焊低碳钢板 V 形坡口对接立焊工艺要点与操作方法。

2. 技能目标
- 具有低碳钢板 V 形坡口对接立焊的焊前准备能力。
- 具有低碳钢板 V 形坡口对接立焊的操作能力。
- 具有低碳钢板 V 形坡口对接立焊焊缝的检查分析能力。

3. 素质目标
- 培养学生尊重劳动、崇尚劳动、热爱劳动、敬畏劳动的精神品质。
- 培养学生爱岗敬业、一丝不苟、精益求精的工匠精神。

4.1　任务描述

按表 1-4-1 的要求，完成工件实作任务。

表 1-4-1　低碳钢板 V 形坡口对接立焊任务表

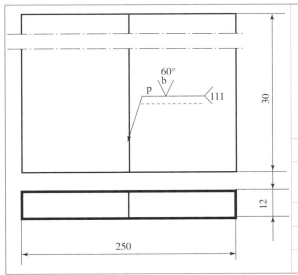

具体要求：	
1. 会编制低碳钢板 V 形坡口对接立焊单面焊双面成形的装焊方案，并实施。	
2. 会选择低碳钢板 V 形坡口对接立焊单面焊双面成形的焊接参数，并编制工艺卡。	
3. 掌握低碳钢板 V 形坡口对接立焊单面焊双面成形的技术要求及操作要领，并能焊接出合格的焊缝。	
焊接方法	焊条电弧焊
焊接设备	ZX7-400 BX1-315
试板牌号	Q235B
焊条型号	E4303
焊条规格	$\phi3.2\ mm$、$\phi4.0\ mm$

4.2　任务分析

本任务为低碳钢板 V 形坡口对接立焊，焊缝倾角90°、转角0°，立焊时，由于液态熔池、熔滴、熔渣受重力影响下淌，熔池、熔孔清晰可见，这给焊接操作带来有利因素，便于操作，容易控制，但是熔滴张力、熔滴重力都阻碍熔滴过渡，并且受重力影响，打底焊时，背面容易造成焊瘤，所以，为使熔滴顺利过渡，在焊接操作中要保持短弧操作，焊条与焊缝轴线下侧形成锐角，电弧指向偏上，一方面，利用电弧吹力将熔滴推向上方；另一方面，利用电弧吹力托住熔池；若填充时操作不当，焊缝中部容易凸起，两侧产生沟槽，盖面时产生咬边缺陷，为此，可采用较小的焊条直径和小的焊接电流，在焊接操作中注意观察熔池形状变化，灵活变换焊条角度以控制熔池温度，随着焊缝温度的升高，前进角度从下向上应有由大到小的变化，达到焊接质量的要求。

4.3 任务实施

（一）完成焊前准备工作

劳保用品、焊接设备及工辅量具、焊接材料、焊接试件准备见任务一。

（二）填写焊接工艺卡

见任务一。本任务焊接参数见表1-4-2。

表1-4-2 焊接参数

层次		焊条直径/mm	焊接电流/A	运条方法
	固定焊	3.2	80~90	
	打底层	3.2	75~80	小锯齿
	填充层	3.2	90~100	小锯齿
		4	120~135	锯齿或月牙
	盖面层	4	120~125	锯齿或月牙

（三）操作过程

1. 打底焊

碱性焊条打底宜采用连弧焊，以降低气孔产生概率。在试件下端固定点引弧，调整焊条角度，如图1-4-1所示，下拉至固定点下端部用小锯齿形向上摆动，至固定点上端压低电弧稍做停顿，并加大焊条角度为90°~105°，击穿根部打开熔孔，稍微停顿形成熔池，然后呈锯齿形摆动，变换焊条角度为75°~85°，在坡口两侧稍做停顿，使其熔合良好，另侧熔池降温，避免因焊缝中间温度过高而使熔池下坠，造成焊缝中间凸起，两侧形成沟槽。要求短弧焊接，焊条摆动均匀，摆动幅度、上移尺寸大小相等，后一个熔池压住前一个熔池2/3，2/3电弧在前熔池上，1/3电弧在坡口背面，用来击穿熔孔，保护背面熔池。焊接过程中，注意观察控制熔孔大小保持一致，熔池形状相同，使正、反两面焊缝高低宽窄一致。整条焊缝厚度3~4 mm。一根焊条即将用完时，击穿熔孔，将电弧向左或右坡口面下方移动10~15 mm，逐渐

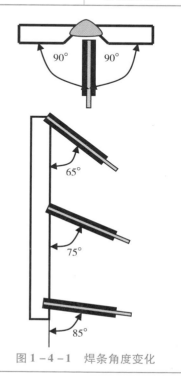

图1-4-1 焊条角度变化

提高电弧，以降低冷却速度，待熔池变小，迅速拉断电弧。

接头有两种方式，若采用热接头，更换焊条要迅速，不等熔池完全冷却，在熔池上方引燃电弧，下拉至熔孔处加大焊条角度，使电弧穿过熔孔，并适当延长停顿时间，听到击穿声后，变换焊条角度正常焊接。焊接中尽可能采用热接头。若采用冷接头，应先去除熔渣，再在熔池下方 10 ~ 15 mm 处引弧，其余与开始焊接方法相同，如图 1 - 4 - 2 所示。

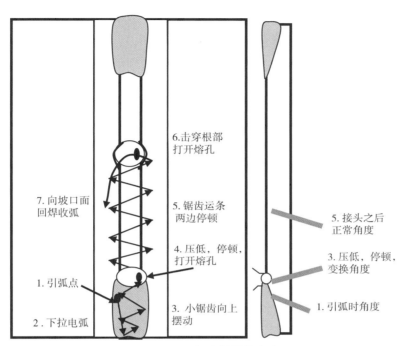

图 1 - 4 - 2　打底焊操作方法

师傅点拨

灭弧焊操作方法与技巧

灭弧焊是通过控制电弧的燃烧和熄灭的时间以及运条动作，来控制熔池的形状、温度和熔池中液态金属厚度的一种单面焊双面成形的焊接技术，它对焊件的装配质量及焊接工艺参数的要求较低。但是它对焊工的操作技能要求较高，如果操作不当，会产生气孔、夹渣、咬边、焊瘤以及焊道外凸等缺陷。

2. 填充焊

填充焊前应对底层熔渣进行彻底清理，可用扁铲铲除接头高点和焊瘤，使底层焊道基本平整。为了保证质量，填充层应该焊接两层完成。

第一填充层主要消除、熔合打底焊道的潜在缺陷，基本保证焊道厚度与工件表面相距一致。采用短弧小锯齿运条，调节焊接电流，在试件下端 20 mm 处引弧，电弧拉到最下端部压低电弧稍做停顿，待形成熔池，开始锯齿摆动，中间一带而过，坡口两侧电弧对准焊趾稍做停顿，主要熔合坡口两侧形成的沟槽。观察熔池长大情况，由于坡口较窄，运条速度要快，否则又形成新的沟槽，如图 1 - 4 - 3 所示。

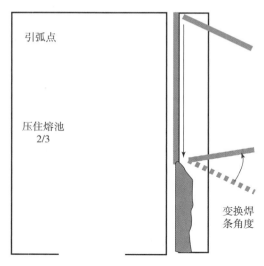

引弧点

压住熔池
2/3

变换焊
条角度

图 1 - 4 - 3　填充层操作

填充层焊接接头时，尽量采用热接头，迅速更换焊条，在弧坑上方 10 mm（或更长）处向下划擦引燃电弧，电弧拉至弧坑处，压弧坑 2/3 沿弧坑的形状摆动一次，将弧坑填满，转为正常运条，如图 1 - 4 - 4 所示。第二填充层主要控制焊道整体厚度上下一致，清理熔渣飞溅，采用短弧锯齿形运条，摆动幅度大于第一填充层，运条速度稍慢。

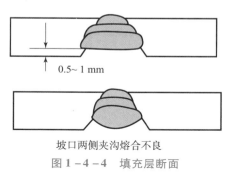

0.5~ 1 mm

坡口两侧夹沟熔合不良

图 1 - 4 - 4　填充层断面

3. 盖面焊

盖面焊前应清除前层焊道熔渣，控制层间温度约 100 ℃。为防止咬边，采用凸月牙运条，两侧稍微停顿，摆动幅度稍大，根据填充焊道深度大小，决定运条速度快慢。焊条摆动到坡口两侧时，焊条电弧中心对准坡口棱边，形成熔池后，熔掉棱边 1.5 mm 左右，并使熔池饱满后，移动电弧到另一侧，如图 1 - 4 - 5 所示，焊后产生余高 1 ~ 2 mm 为宜。焊接过程中，特别要注意控制摆动幅度的大小，以获得宽窄一致、高低一样的光滑焊缝。焊接过程中，注意观察熔池的形状，正常形状为长条形或长圆形，若熔池变为桃形或心形，说明熔池中部温度过高，铁水开始下坠，此时应及时调整运条速度，增加坡口两侧停顿时间，或加大上移幅度。若熔池在水平方向断开，表明运条速度过快，热输入不足，应放慢运条速度。

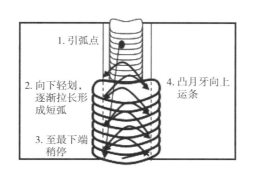

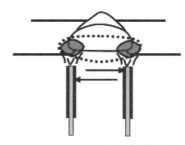

图1-4-5 盖面焊操作

师傅点拨

在其他条件一定时，正月牙运条与反月牙运条的区别如下：

（1）对形成气孔的影响

正月牙形运条法较易产生气孔。因为正月牙运条法操作时，在焊接电流稍大时，熔池温度过高，铁水容易下坠。焊工为控制熔池温度，防止熔池金属下坠，往往采用挑弧焊。由于焊接电弧拉长，致使熔池与空气接触面加大，产生气孔倾向增大。

（2）对焊道成形的影响

正月牙运条法层间焊道易形成中间凸两侧凹现象。因操作时，电弧在焊道中间为下行，焊道两侧熔化的铁水随电弧下行而带到焊道中间，致使焊道中间厚、两侧薄，焊道两侧呈沟槽状，产生焊缝咬边、中间鼓棱现象，这是形成夹渣的原因之一。

（3）对生产效率的影响

正月牙运条法：焊接电流小，焊条熔化速度慢，层间焊道清渣用的辅助时间长，所以焊接效率低。

反月牙运条法：焊接电流比正月牙运条法大10%左右，焊条熔化速度快，焊接过程始终保持短弧焊，焊道平整光滑，减少清渣时间30%以上，因此能提高焊接效率和经济效益。

（四）完成焊后工作

见本项目任务一。

4.4 任务检查

见本项目任务二。

4.5　知识链接

（一）弧焊电源

1. 主要技术参数

（1）负载持续率

负载持续率是指在选定的工作周期内焊机负载的时间占选定工作时间周期的百分率，可用如下公式表示：

$$DY_N = \frac{t}{T} \times 100\%$$

式中，DY_N为负载持续率；t为选定工作周期内负载的时间（min）；T为选定的工作周期（min）。

我国对手工电弧焊机所选定的工作周期为 10 min，如果在 10 min 内负载的时间为 6 min，那么负载持续率即为 60%。对一台焊机来说，随着实际焊接时间的增多，间歇时间减少，那么负载持续率便会不断增高，焊机便更容易发热、升温，甚至烧毁。因此，焊工必须按规定的额定负载持续率使用焊机。负载持续率示意图如图 1−4−6 所示。

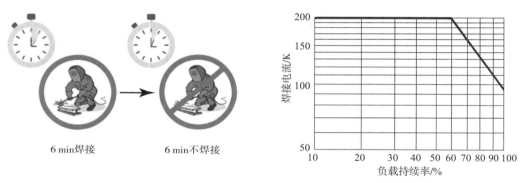

图 1−4−6　负载持续率示意图

（2）额定焊接电流

额定焊接电流是在额定负载持续率下允许使用的最大焊接电流。负载持续率大，表明在规定的工作周期内，焊接工作时间延长了，焊机的温度就要升高。为了不使焊机绝缘破坏，就要减小焊接电流。当负载持续率变小时，表明在规定的工作周期内，焊接工作的时间减少了，此时可以短时提高焊接电流。当实际负载持续率与额定负载持续率不同时，焊条弧焊机的许用电流就会变化，可按下式计算：

$$许用焊接电流 = 额定焊接电流 \times \sqrt{\frac{额定负载持续率}{实际负载持续率}}$$

（3）空载电压

空载电压是指电源输出端没有接负载时的开路电压。空载电压高虽然容易引弧，但不是越高越好，因为空载电压过高，容易造成触电事故；另外，尽管空载电压是焊接电源输出端没有焊接电流输出时的电压，但是也要消耗电能。我国有关标准中规定：弧焊电源空载电压 $U_0 \leqslant 100$ V。在特殊用途中，当空载电压超过 100 V 时，必须有防触电装置。

弧焊电源空载电压的主要作用如下：

①在接触起弧时，较高的空载电压有利于焊条（丝）与工件的高阻接触表面形成导电通路。

②焊接过程中较高的空载（或近空载）电压有利于电弧的稳定燃烧。

但是空载电压也不能太高，因为空载电压越高，对于操作者越危险。

师傅点拨

逆变式弧焊电源不仅具有质量小、易携带等特点，还具有优良的性能，如目前的焊机上面有电弧推力与热引弧两个功能，给焊接操作带来了方便。电弧推力和热引弧的原理与作用见表1－4－3。

表1－4－3　电弧推力和热引弧的原理与作用

项目	原理图	作用
电弧推力 （Arc Force）	电弧推力控制	拐点电压与电弧推力的调节有效地解决了粘条与电弧穿透力不足（特别是仰位焊接）的问题
热引弧 （Hot Start）	热引弧控制 a=引弧时间　b=引弧电流	热引弧（引弧电流与引弧时间）成功地解决了中厚板焊接时焊缝起始端窄而高的问题

但是也不能认为直流逆变式弧焊电源就一定优于传统的交流弧焊电源，交流弧焊电源在减少磁偏吹、耐用性方面也有一定的优势。

2. 表示方法

焊机型号是用汉语拼音大写字母及阿拉伯数字按一定的编排次序组成的。GB/T 10249—2010规定的编排次序及含义见表1－4－4。

序号	第一字位		第二字位		第三字位		第四字位	
	代表字母	大类名称	代表字母	小类名称	代表字母	附注特征	数字序号	系列序号
1	A	弧焊发电机	X P D	下降特性 平特性 多特性	省略 D Q C T H	电动机驱动 单纯弧焊发电机 汽油机驱动 柴油机驱动 拖拉机驱动 汽车驱动	省略 1 2	直流 交流发电机整流 交流
2	Z	弧焊整流器	X P D	下降特性 平特性 多特性	省略 M L E	一般电源 脉冲电源 高空载电压 交直流两用电源	省略 1 3 4 5 6 7	磁放大器或饱和电抗器式 动铁芯式 动线圈式 晶体管式 晶闸管式 变换抽头式 变频式
3	B	弧焊变压器	X P	下降特性 平特性	L	高空载电压	省略 1 2 3 5 6	磁放大器或饱和电抗器式 动铁芯式 串联电抗器式 动线圈式 晶闸管式 变换抽头式
4	N	熔化极气体保护焊	B Z D U G	半自动焊 自动焊 点焊 堆焊 切割	C M 省略	CO_2 保护焊 脉冲 直流	省略 1 2 3 4 5 6 7	焊车式 全位置焊车式 横臂式 机床式 旋转焊头式 台式 焊接机器人 变位式
5	W	钨极氩弧焊机	Z S D Q	自动焊 手工焊 点焊 其他	省略 J E M	直流 交流 交直流 脉冲	省略 1 2 3 4 5 6 7 8	焊车式 全位置焊车式 横臂式 机床式 旋转焊头式 台式 焊接机器人 变位式 真空充气式

3. 选用方法

交流与直流电焊机各有优缺点，二者的选用要综合考虑工艺性要求、经济性、适用性等因素。直流与交流弧焊电源特性比较见表1－4－5。

表 1 - 4 - 5　直流与交流弧焊电源特性比较

序号	项目	直流电源	交流电源
1	电弧稳定性	好	不好
2	空载电压	小（50～60 V）	较大（65～95 V）
3	结构	复杂	简单
4	维修	复杂	简单
5	焊接飞溅	小	大
6	熔深	大	小（与焊条电弧焊通常使用的直流反接相比较）
7	磁偏吹	大	小
8	产生电击的可能性	低	高

（二）焊接辅具

1. 焊钳

在手弧焊中用于夹持焊条并传导电流进行焊接的工具叫作焊钳，俗称焊把。主要有 300 A 和 500 A 两种规格，见表 1 - 4 - 6。

表 1 - 4 - 6　焊钳的规格（QB 1518—2018）

规格 /A	额定焊接 电流/A	负载持续率 /%	工作电压 /V	适用焊条直径 /mm	焊接电缆截 面积/mm²	温升小于 /℃
300	160（150）	60	26	2.0～4.0	≥25	35
500	250	60	30	2.5～5.0	≥35	40

2. 焊接电缆

二次回路的焊接电缆用来传导焊接电流。电缆线应有良好的导电能力和良好的绝缘外表。电流通过时电缆会发热，电流越大，发热量越大，发热量如果超过一定的限度，绝缘将遭到破坏。导线截面积与焊接电流、导线长度的关系见表 1 - 4 - 7。焊接电缆的两端可通过接线夹头连接焊机与焊件，以减小连接电阻；工作时要防止焊件压伤和折断电缆；切忌电缆与刚焊完的热焊件接触，以防烧坏；一般要使用整根电缆线，中间不要有接头；禁止焊接电缆与油脂等易燃物料接触。

表 1 - 4 - 7　导线截面积与焊接电流、导线长度的关系

焊接 电流 /A	导线长/m								
	20	30	40	50	60	70	80	90	100
	导线截面积/mm²								
100	25	25	25	25	25	25	25	28	35
150	35	35	35	35	50	50	60	70	70
200	35	35	35	50	60	70	70	70	70

焊接电流/A	导线长/m								
	20	30	40	50	60	70	80	90	100
	导线截面积/mm²								
300	35	50	60	60	70	70	70	85	85
400	35	50	60	70	85	85	85	95	95
500	50	60	70	85	95	95	95	120	120
600	60	70	85	85	95	95	120	120	120

快速接头是一种快速、方便地使焊接电缆与焊机相连接或接长焊接电缆的专用器具，它应具有良好的导电性能和外套绝缘性能，使用中应不易松动，保证接触良好、安全可靠，禁止砸碰。

3. 焊接面罩与护目玻璃

（1）面罩

它是防止焊接时的飞溅、弧光、熔池和高温施焊对焊工面部及颈部造成灼伤的一种遮蔽工具，用红色或褐色石棉纸板压制而成，有手持式和头盔式两种。面罩的正面开有长方形孔，内嵌白色玻璃和黑玻璃，如图 1-4-7 所示。

（a）   （b）

图 1-4-7　焊接面罩
（a）头盔式；（b）手持式

使用面罩时，应注意以下几点：面罩应正面朝上放置，不得乱丢或受重压；面罩不得受潮或被雨淋，以防变形；黑玻璃是特制的化学玻璃，为使其不受损坏，当没有白玻璃保护时，不得使用。

（2）护目玻璃（黑玻璃）

焊接时，黑玻璃有减弱电弧光和过滤红外线、紫外线的作用，颜色以墨绿色和橙色居多。按颜色深浅的不同，分为 6 个型号，即 7~12 号，号数越大，色泽越深，应根据年龄和视力情况选用。例如，年轻的焊工视力较好，宜用颜色较深的黑玻璃，以增大保护视力的效果。同时，黑玻璃的选用还与焊接电流有关，一般情况下，焊接电流不大于 100 A 时，选用 7~8 号；焊接电流为 100~350 A 时，选用 9~10 号；焊接电流大于或等于 350 A 时，选用 11~12 号。

另外，目前自动变光焊接面罩使用也非常普遍了，它的工作原理是利用液晶的特殊光电性能，即在液晶两端加电压后液晶分子会有一定的旋转，这样就可通过控制施加在液晶片上的电压，来改变光线的通过率，达到调节遮光号的效果，起到焊接防护的目的。没有弧光时，可见光能够尽可能多地通过液晶片，焊接工人戴着它就可以看清楚焊接工件，在起弧的瞬间快速变暗，有效地保护焊接工人的眼睛不受有害射线和强光的照射。根据焊接方式和焊接电流的不同，调节遮光号旋钮，以选择合适的遮光号。

4. 焊条保温筒和烘干箱

（1）焊条保温筒

它是在施工现场供焊工携带的可储存少量焊条的一种保温容器，它与电焊机的二次电压相连，以保持一定的温度。

对于重要焊接结构用低氢型焊条焊接时，焊前焊条必须在 250 ~ 400 ℃ 温度下烘干，并且保温 1 ~ 2 h。焊条在烘干箱中取出后，应放在焊条保温筒内送到施工现场。在现场施工时，焊条随用随逐根由焊条保温筒内取出使用。常用焊条保温筒有立式、卧式和背包式 3 种，存放的焊条质量有 2.5 kg 与 5 kg 两种，工作温度为 60 ~ 300 ℃，使用时必须盖紧筒盖，随用随取。

（2）焊条烘干箱

电焊条由于在制造、运输、储存过程中渗入了水分，在使用前必须进行烘干，以去除药皮中的水分；否则，药皮中的水分在焊接过程中分解出来的氢将残留在焊缝周围的金属中，致使焊缝产生冷裂缝，发生焊接质量事故。另外，电焊条烘干箱还可以作为焊条烘干后的保温箱。

4.6 拓展任务

低碳钢板 V 形坡口对接立焊不同运条方式训练

任务要点如下：不同的运条方式，有不同的特点，同时也有不同的应用范围，具体见表 1 - 4 - 8。

表 1 - 4 - 8 低碳钢板 V 形坡口对接立焊不同运条方式的特点与应用范围

运条方式	特点	应用范围
锯齿形运条法	摆动的目的是控制熔化金属的流动和得到必要的焊缝宽度，以获得良好的焊缝成形	1. 较厚的钢板焊接。 2. 平焊、立焊、仰焊的对接接头。 3. 立焊的角接接头焊缝
正月牙形运条法	能量集中，熔池存在时间长，易于溶渣上浮和气体析出，焊缝较厚	1. 立焊时熔池温度较低时。 2. 立焊的填充焊
反月牙形运条法	能量较为分散，熔池存在时间短，在同样的焊接速度和摆动幅度与频率下，焊缝较薄	1. 立焊时熔池温度较高时。 2. 立焊的盖面焊
八字形运条法	能量更为集中，焊缝宽度更宽	1. 厚板多层多道焊时盖面焊。 2. 厚钢板对接接头的填充焊

习题

一、选择题

1. 以下关于正月牙运条法与反月牙运条法，不正确的是（　　　）。

A. 正月牙形运条法较易产生气孔

B. 正月牙形运条法层间焊道易形成中间凸两侧凹现象

C. 立焊时，正月牙形运条法易产生咬边

D. 正月牙形运条法焊接效率高

2. 负载持续率（或暂载率）是（　　）之比。

A. 负载运行时间与整个周期　　　　　B. 负载运行时间与负载停止时间

C. 负载断开时间与负载运行时间　　　D. 负载运行时间与负载断开时间

3. （　　）是逆变式弧焊整流电源。

A. BX – 400　　　　B. AX7 – 500　　　　C. ZX7 – 300　　　　D. ZXG – 400

4. 一般情况下，焊条电弧焊焊接电流不大于 100 A 时，选用（　　）号镜片。

A. 3 ~ 4　　　　　B. 7 ~ 8　　　　　C. 10 ~ 11　　　　D. 13 ~ 15

5. 关于护目镜片的颜色深浅选择，（　　）是正确的。

A. 选用碱性焊条，护目镜片的颜色深些

B. 选用酸性焊条，护目镜片的颜色深些

C. 选用的焊接电流越大，护目镜片的颜色越深

D. 选用的焊接电流越小，护目镜片的颜色越深

二、判断题

1. 焊条电弧焊的负载持续率一般为100%。　　　　　　　　　　　　　　（　　）

2. 空载电压高容易引弧，所以焊机的空载电压越高越好。　　　　　　　（　　）

3. 焊条电弧焊的工作电压一般不超过 38 V。　　　　　　　　　　　　　（　　）

4. 交流电源比直流电源产生电击的可能性小。　　　　　　　　　　　　（　　）

5. 额定焊接电流是指该电源工作时允许使用的最大焊接电流。　　　　　（　　）

三、简答题

1. 简述交流弧焊电源与直流弧焊电源的主要区别。

2. 简述弧焊电源的选用原则。

3. 简述低碳钢板 V 形坡口对接立焊不同运条方式的特点与应用范围。

任务五　低碳钢板 T 形接头平角焊

1. 知识目标

● 掌握焊条电弧焊焊接工艺参数的选用方法与原则。

● 掌握焊条电弧焊低碳钢板 T 形接头平角焊的工艺要点与操作方法。

● 掌握焊条电弧焊低碳钢板 T 形接头平角焊常见缺陷的产生原因与防止措施。

2. 技能目标

● 具有低碳钢板 T 形接头平角焊的焊前准备能力。

● 具有低碳钢板 T 形接头平角焊的焊接操作能力。

● 具有低碳钢板 T 形接头平角焊焊缝的检查分析能力。

3. 素质目标

● 培养学生尊重劳动、崇尚劳动、热爱劳动、敬畏劳动的精神品质。

● 培养学生爱岗敬业、一丝不苟、精益求精的工匠精神。

5.1　项目任务

按表 1 – 5 – 1 的要求，完成工件实作任务。

表 1 – 5 – 1　低碳钢板 T 形接头平角焊任务表

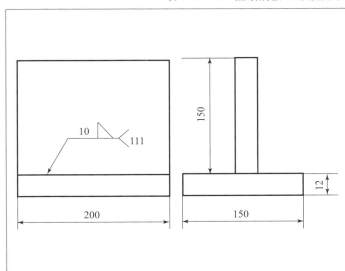

	技术要求： 1. 会编制低碳钢板 T 形接头装配方案，并实施。 2. 能对低碳钢板 T 形接头平角焊进行工艺分析，并编制工艺卡。 3. 掌握低碳钢板 T 形接头平角焊的技术要求及操作要领，并能焊接出合格的焊缝。
焊接方法	焊条电弧焊
焊接设备	ZX7 – 400 BX1 – 315
试板牌号	Q235B
焊条型号	E4303
焊条规格	$\phi3.2$ mm、$\phi4.0$ mm

5.2　任务分析

　　平角焊缝处于相互垂直的两板夹角之间，并且在水平位置，由于电弧热量经立板和平板三个方向散热，热量损失较大，所以 T 形接头角焊缝最容易出现的问题就是根部的熔合，为

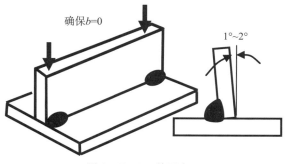

此，焊接时应采用较大的焊接电流，比平对焊电流大 10% ~ 15%。在焊接中，由于电弧两侧磁力线分布不均，极易造成电弧偏吹，使焊缝产生夹渣、未焊透等缺陷；平角焊时，电弧吹力、熔滴重力都有利于熔滴过渡，但由于熔池受重力作用，有向水平板下淌的倾向，所以熔池温度不宜过高，否则，表面张力减小，重力大于张力，熔池下淌，造成水平板焊角较大，垂直板焊角偏小，并且立板易咬边；熔池温度也不宜过低，否则，由于热输入不足，造成根部未熔合、夹渣等缺陷。平角焊缝周围磁场分布不均，使用直流焊机时易产生电弧磁偏吹。

根据上述分析，操作时，焊条角度选择要正确，要使电弧热量同时均匀加热立板和平板，并且有利于熔滴向立板过渡；确定采用多层多道（两层两道、或两层三道）完成。

①在板角接平焊打底焊时，焊条工作角度为 45°，前进角度为 75° ~ 90°。在焊接过程中，根据熔池温度高低变化，前进角度从左向右应有由大到小的变化。

②采用较大的焊条直径和较大的焊接电流。

③采用短弧焊接，以及正确的运弧方向和方法。

5.3 任务实施

（一）完成焊前准备工作

劳保用品、焊接设备及工辅量具、焊接材料、焊接试件准备见任务一。

（二）填写焊接工艺卡

见任务一。

本任务焊接参数见表 1 – 5 – 2。

表 1 – 5 – 2　焊接参数

层次		焊条型号	焊条直径/mm	焊接电流/A	运条方法
	固定焊	E4303	3.2	130 ~ 140	
	打底焊	E4303	3.2	120 ~ 130	直线
			4	140 ~ 160	直线
	盖面焊	E4303	3.2	120 ~ 125	斜圆圈或斜锯齿
			4	140 ~ 150	斜圆圈或斜锯齿

（三）操作过程

为了保证足够的焊接热量，保证焊透，确定间隙 $b = 0$，反变形 1° ~ 2°。点固焊时，选择和正式焊接同型号的焊条，选用较大焊接电流，压紧立板，先在试件背面一端点固，然后压紧试件另一端点固，使焊点长度为 10 ~ 15 mm，高度为 6 ~ 7 mm，以保证固定点强度，如图 1 – 5 – 1 所示。

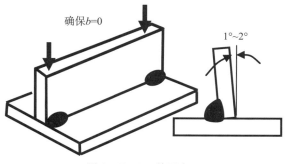

确保 b=0

1°~2°

图 1 – 5 – 1　装配点固

1. 打底焊

引弧起焊：距试件左端 10~15 mm 处引弧，回拉到试件最左端压低电弧，如图 1 - 5 - 2 所示。

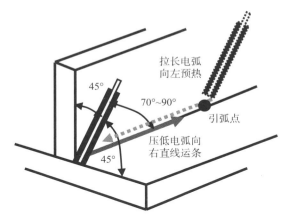

图 1 - 5 - 2 引弧、起头及焊条角度

打底层焊：主要考虑立板根部熔合情况，调整焊条角度，使工作角呈 45°，前进角呈 75°~90°，由左向右匀速直线运条，保证电弧长度 2~3 mm。焊接中注意观察电弧和熔池形状，合适的焊接规范（电流，角度，速度）使马蹄形熔池露出 2/3，1/3 的熔池覆盖在熔渣下面，当熔渣全部覆盖熔池时，说明热输入较低，应加大焊条前进角，或焊条做向后推顶的动作，避免熔渣超前熔池，否则将产生夹渣、未焊透等缺陷。焊角高约 4~5 mm。

接头时，在弧坑前 15~20 mm 处引燃电弧，快速回拉到弧坑 1/3 处稍做停顿，待熔池与前弧坑熔合转入正常焊接时，向右直线匀速前进，如图 1 - 5 - 3 所示。

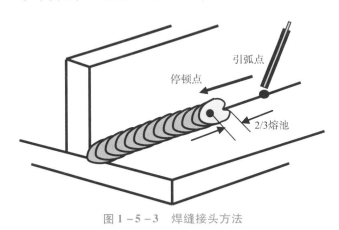

图 1 - 5 - 3 焊缝接头方法

收尾时，根据熔池温度高低，选择反复断弧法填满弧坑收尾，或改变焊条角度向左回焊 10~15 mm 收尾。

2. 盖面焊

采用第一种层次焊接时，焊条角度与打底层焊接时基本相同，运弧方法采用斜圆圈运弧。在距试件左端 10~15 mm 处引弧，回拉到试件最左端压低电弧，由左向右采用斜圆圈匀速运条，向上划弧稍快，电弧对准立板焊趾，并在焊趾处稍停，向下划弧稍快，电弧对准下焊趾停顿时间较短，保证电弧长度 2~3 mm，每弧向前移动 1/3 熔池，如图 1-5-4 所示。接头时与底层焊接头相同。最后焊缝以凹面或平面为好，凹凸度小于 1 mm，如图 1-5-2 所示。

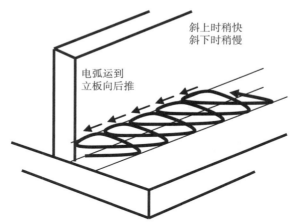

图 1-5-4　第二层斜圆圈运弧方法

焊接层次与焊条角度如图 1-5-5 所示。工作角太小，容易造成上部咬边，下部翻边；工作角太大，容易造成焊脚不对称。

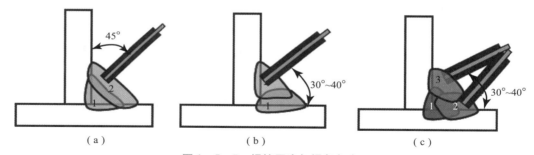

图 1-5-5　焊接层次与焊条角度

（a）两层两道；（b）一层两道；（c）两层三道

师傅点拨

对于平角焊缝，常见的焊接缺陷如图 1-5-6 所示。

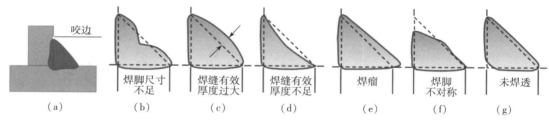

图 1-5-6　平角焊缝常见的焊接缺陷

（a）咬边；（b）焊脚尺寸不足；（c）焊缝有效厚度过大；（d）焊缝有效厚度不足；

（e）焊瘤；（f）焊脚不对称；（g）未焊透

（四）完成焊后工作

见本项目任务一。

5.4　任务检查

（一）外观检查

焊缝外观检验标准见表 1 – 5 – 3。

表 1 – 5 – 3　T 形接头角焊缝外观及折断检验评分标准

明码		评分员		合计分		
检查项目	标准、分数	焊缝等级				实际得分
		I	II	III	IV	
焊脚尺寸	标准/mm	10	>10，≤11	>11，≤12	<10，>12	
	分数	5	4	1	0	
焊脚对称度	标准/mm	>0，≤1	>1，≤2	>2，≤3	<0，>3	
	分数	10	8	6	0	
焊缝凸度	标准/mm	>0，≤1	>1，≤2	>2，≤3	<0，>3	
	分数	10	8	6	0	
咬边	标准/mm	0	$h \leqslant 0.5$，且 $l \leqslant 15$	$h \leqslant 0.5$，且 $l \leqslant 30$	$h > 0.5$，或 $h \leqslant 0.5$，$l > 30$	
	分数	10	8	6	0	
垂直度	标准/mm	0	≤1	>1，≤2	>2	
	分数	5	3	1	0	
焊接道次	标准/道	2 或 3	>3，>2			
	分数	5	3			
电弧擦伤	标准/处	无	有			
	分数	5	0			
表面气孔夹渣	标准/个	无	有			
	分数	5	0			
折断试验						
根部是否熔合	标准/mm	是	否			
	分数	15				
道间是否熔合	标准/mm	是	否			
	分数	10				

明码		评分员			合计分	
条状缺陷	标准/mm	0	≤1	≤2	>2	
	分数	10				
点状缺陷	标准/个	0	≤φ1，数目1	≤φ1，数目2	>φ1，或数目>2	
	分数	5				
注：表面缺陷采用5倍放大镜检查。						

（二）断口检查

进行焊缝断口检查，观察熔合情况。

5.5　知识链接

焊接参数是指焊接时为保证焊接质量而选定的各物理量的总称，也称焊接规范。主要包括焊条直径、焊接电流、电弧电压、焊接速度、电源种类与极性、焊接层数。焊接工艺参数选择正确与否，直接影响着焊缝形状和尺寸、焊接质量及生产率。

1. 焊条直径

焊条直径主要依据焊件厚度、接头形式、焊接位置、焊接层数等选择。通常在确保焊接的质量前提下，尽量选用较大直径的焊条，以提高焊接生产率。

焊条直径与板厚、焊接电流关系见表1-5-4。

表1-5-4　焊条直径与板厚、焊接电流关系

焊条直径/mm	板厚/mm	焊接电流/A
2.5	≤3	60～90
3.2	3.2～5	100～150
4.0	5～8	140～180
5.0	6～12	180～260

2. 焊接电流

（1）焊接电流大小的决定因素

碳钢酸性焊条平焊时，电流大小与焊条直径的关系，一般可根据经验公式 $I_h = (35 \sim 55)d$ 确定，同时考虑以下因素：

①焊条类型（碱性焊条比酸性焊条电流小）。

②焊接位置（横位、立位和仰位焊接时，焊接电流比平位焊接电流小）。

③焊接层数（填充层比盖面层焊接电流大）。

④接头类型（角接、T形接头比对接接头焊接电流大）。

⑤母材类型（不锈钢焊接电流比碳钢焊接电流小）。

（2）焊接电流对焊接的影响

焊接电流太大，焊条易发红，药皮易脱落，且焊接飞溅较大；过高的焊接电流易产生大的熔深、烧穿、咬边、结晶裂纹（熔宽比小）。焊接电流太小，电弧不稳定，易粘条，铁水和熔渣分不清，过低的焊接电流易产生电弧不稳、未熔合与未焊透现象。选择焊接电流的总原则是在保证焊接质量的前提下，尽量选用较大的焊接电流，以提高生产率。

3. 电弧电压

焊条电弧焊的电弧电压主要由电弧长度来决定。电弧电压与焊缝成形关系如图 1 - 5 - 7 所示。

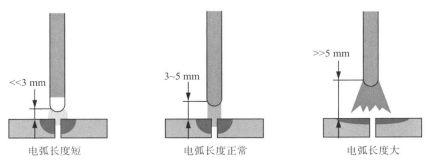

图 1 - 5 - 7 电弧电压与焊缝成形关系

电弧长短的控制主要取决于焊工的经验、视力和操作技术。在焊接过程中，电弧不宜过长，否则会造成以下不良现象：

①电弧不稳，易摆动，保护效果差，产生气孔。

②热量损失大，飞溅增加。

③熔深浅，熔宽大，易咬边，未焊透，焊波粗糙，不均匀。

④熔滴向熔池过渡困难。

生产实际中，应力求进行短弧焊接。一般认为弧长为焊条直径的 50% ～ 100%。立焊时，电弧要小于平焊，碱性焊条电弧要小于酸性焊条电弧。

4. 焊接速度

指单位时间内完成的焊缝长度。焊接速度直接影响焊接质量及焊接生产率。

如果焊接速度过大，易出现未焊透、未熔合、气孔等缺陷，一般在保证焊缝质量的基础上，采用较大的焊条直径和焊接电流，还应适当加大焊接速度，以提高生产效率。

师傅点拨

焊接速度与焊缝质量的关系

焊接速度太慢时，会使焊缝中的氮、氧化物显著增加，同时，对焊缝有益的锰、碳等合金元素大量烧损和蒸发，致使焊缝力学性能降低。由此可见，从这个意义上讲，焊接速度越慢，焊缝质量越差。

5. 焊条角度

焊条电弧焊运条时焊条角度如图 1 - 5 - 8 所示。

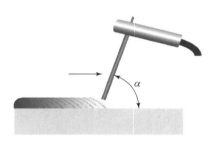

图 1-5-8 焊接电弧焊运条时焊条角度

6. 焊接热输入

（1）含义

焊接热是指熔焊时，由焊接热源输入焊件的能量。对于移动热源，单位为 kJ/mm；对于固定热源，单位为 kJ/s。对于移动热源：

$$q = \frac{I_h U_h}{v} \ (\text{J/cm})$$

式中，q 为热输入；v 为焊接速度（cm/s）；I_h 为焊接电流（A）；U_h 为电弧电压（V）。

（2）热输入对焊接质量的影响

热输入增大时，容易造成接头和热影响区过热，产生过热组织，从而使其脆化，韧性降低；热输入减小时，焊接热量不足，熔池温度不够，冷却速度快，容易产生淬硬组织，造成焊缝应力集中，严重时产生变形、开裂。因此，焊接时要根据母材和焊材的组织、性能合理选择线能量，以获得最佳性能的焊接性能。

7. 电流种类与极性

弧焊电源有交流（AC）和直流（DC）两种类型。交流电源电弧不稳、飞溅大，但磁偏吹小。直流电源有正接与反接两种，如图 1-5-9 所示。

正接：焊件接电源正极，电极接电源负极的接线法。表示方法：DCEN、DC-。

反接：焊件接电源负极，电极接电源正极的接线法。表示方法：DCEP、DC+。

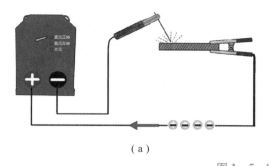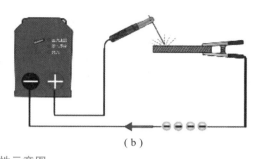

（a）   （b）

图 1-5-9 极性示意图

（a）直流正接；（b）直流反接

直流正接与直流反接的区别见表 1-5-5。

表 1 – 5 – 5　直流正接与直流反接区别

项目	直流正接	直流反接
	工件接正极，焊条接负极	工件接负极，焊条接正极
电子移动方向	从焊条到工件	从工件到焊条
热量	70% 在工件，30% 在焊条	30% 在工件，70% 在焊条
应用	薄板	中厚板
熔深	浅	深
熔敷率	慢	快
说明：以上区别适用于碱性焊条。		

极性选择的考虑因素：板厚、焊接位置、焊条类型、熔敷效率。

知识拓展

1. 焊脚尺寸与钢板厚度的关系

一般情况下，钢板厚度与焊脚尺寸对照见表 1 – 5 – 6。

表 1 – 5 – 6　钢板厚度与焊脚尺寸对照

板厚/mm	2 ~ 3	3 ~ 6	6 ~ 9	9 ~ 12	12 ~ 16	16 ~ 22
最小焊脚尺寸/mm	2	3	4	5	6	8

2. 焊脚尺寸与焊接层数的关系

焊脚尺寸小于 5 mm 的焊缝，可采用直线形运条法和短弧进行焊接。

焊脚尺寸在 5 ~ 8 mm 时，可采用斜圆圈形或反锯齿形运条法进行焊接。

焊脚尺寸在 8 ~ 10 mm 时，可采用两层两道的焊法。

如果焊接焊脚尺寸大于 12 mm 以上的焊件时，可采用三层六道或四层十道来完成。

5.6　拓展任务

低碳钢板全熔透 T 形接头平角焊

任务要点如下：通常低碳钢板全熔透 T 形接头平角焊有单面焊与双面焊两种情况，如图 1 – 5 – 10 所示。单面焊全熔透 T 形接头平角焊一般要求单面焊双面成形，对工件的装配、焊接技能要求较高；对于双面焊全熔透 T 形接头平角焊，可采取反面清根的方法，对焊接技能要求相对较低。

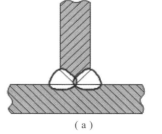
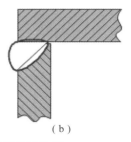

（a）　　　　　　　　　　　　　（b）

图 1 – 5 – 10　全熔透 T 形接头平角焊

（a）双面焊；（b）单面焊

一、选择题

1. 焊条直径的选择，一般不考虑的因素是（　　　）。

A. 焊接位置　　　　　B. 接头类型　　　　　C. 药皮种类　　　　　D. 焊工操作水平

2. 焊条电弧焊的参数不包括（　　　）。

A. 气体流量　　　　　B. 焊接电流　　　　　C. 电弧电压　　　　　D. 焊接速度

3. 焊接热输入的决定因素不包括（　　　）。

A. 极性　　　　　　　B. 焊接电流　　　　　C. 电弧电压　　　　　D. 焊接速度

4. 焊条电弧焊电弧过长时，（　　　）说法是错误的。

A. 热量损失大，飞溅增加　　　　　　　　　B. 熔深浅，熔宽大，

C. 不易产生咬边　　　　　　　　　　　　　D. 焊波粗糙，不均匀

5. 直流反接是（　　　）。

A. 工件接负极，焊条接正极　　　　　　　　B. 工件接正极，焊条接负极

C. 工件和焊条都接正极　　　　　　　　　　D. 工件和焊条都接负极

二、判断题

1. T 形接头平角焊产生的咬边与工件原始温度有关。　　　　　　　　　　（　　　）

2. 咬边只发生在焊缝表面。　　　　　　　　　　　　　　　　　　　　（　　　）

3. 焊接薄板时，采用下坡焊可以在一定程度上避免烧穿。　　　　　　　（　　　）

4. 平角焊时，锯齿形运条法比直线运条可获得较大的焊脚。　　　　　　（　　　）

5. 同直径的碱性焊条比酸性焊条使用的电流大。　　　　　　　　　　　（　　　）

三、简答题

1. 简述低碳钢板 T 形接头平角焊的工艺特点。

2. 简述低碳钢板定位焊的操作要点。

3. 简述低碳钢板 T 形接头平角焊的操作方法与技巧。

任务六　低碳钢板 T 形接头立角焊

学习目标

1. 知识目标

- 熟悉电弧焊焊接缺陷的产生原因及防止措施。
- 掌握焊条电弧焊低碳钢板 T 形接头立角焊工艺要点与操作方法。

2. 技能目标

- 具有低碳钢板 T 形接头立角焊的焊前准备能力。
- 具有低碳钢板 T 形接头立角焊的焊接工艺制订能力。
- 具有低碳钢板 T 形接头立角焊的操作能力、焊缝检查分析能力。

3. 素质目标

- 培养学生尊重劳动、崇尚劳动、热爱劳动、敬畏劳动的精神品质。
- 培养学生爱岗敬业、一丝不苟、精益求精的工匠精神。

6.1　任务描述

按表 1 – 6 – 1 的要求，完成工件实作任务。

表 1 – 6 – 1　低碳钢板 T 形接头立角焊任务表

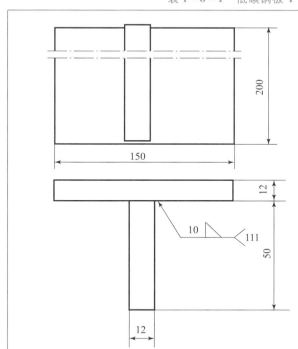

技术要求：	
1. 会编制低碳钢板 T 形接头装配方案，并实施。 2. 能对低碳钢板 T 形接头立角焊进行工艺分析，并编制工艺卡。 3. 掌握低碳钢板立角焊的技术要求及操作要领，并能焊接出合格的焊缝。	

焊接方法	焊条电弧焊
焊接设备	ZX7 – 400 BX1 – 315
试板牌号	Q235B
焊条型号	E4303
焊条规格	$\phi 3.2$ mm、$\phi 4.0$ mm

6.2　任务分析

立角焊缝处于相互垂直的两板夹角之间，并且在垂直位置，与平角焊相同电弧热量经立板和平板三个方向散热，热量损失较大，最大的问题就也是根部熔合问题。立角焊时，熔滴张力、熔滴重力都不利于熔滴过渡，由于受重力作用，熔池、熔渣有下坠的倾向，熔池熔渣较为清晰可辨，给操作带来便利因素；但熔池温度不宜过高，否则，熔池表面张力减小，重力大于张力，熔池下坠，造成焊缝凸度大，焊缝两侧焊趾易咬边；熔池温度也不宜过低，否则，由于热输入不足，造成根部未熔合、夹渣等缺陷。

尽管电弧热量经立板和平板两个方向散热，热量损失较大，但是焊缝处于垂直位，焊接电流不宜太大，应比平对焊电流小约10%。根据上述分析：操作时，焊条角度选择要正确，要使电弧热量主要作用在根部，并同时均匀加热两侧立板，并且有利于熔滴向焊缝过渡；确定两层两道完成。

①在板角接立焊打底焊时，焊条工作角度为45°，前进角度为80°～90°。在焊接过程中，根据熔池温度高低变化，前进角度从下向上应有由大到小的变化。

②打底时，采用较小的焊条直径和较大的焊接电流短弧焊接。

③采用短弧焊接，以及正确的运弧方向及方法。

④根据焊件接头形式的特点和焊接过程中熔池温度的情况，灵活运用适当的运条法。

6.3　任务实施

（一）完成焊前准备工作

劳保用品、焊接设备及工辅量具、焊接材料、焊接试件准备见任务一。

（二）填写焊接工艺卡

见任务一。

本任务焊接参数见表1-6-2。

表1-6-2　焊接参数

层次		焊条直径/mm	焊接电流/A	运条方法
	固定焊	3.2	130～140	
	打底焊	3.2	90～100	三角形或锯齿
	盖面焊	3.2	100～110	锯齿或凸月牙

（三）操作过程

1. 打底焊

距试件左端10～15 mm处引弧，然后回拉到试件最左端压低电弧，调整焊条角度，使工作角为45°，前进角呈75°～90°，由下向上做三角形匀速运条，保证电弧长度2～3 mm。焊接过程中注意观察和控制电弧左右摆幅大小相等，使两侧焊趾熔合良好、整齐，根据熔池温度调节上下移动间距，每次覆盖前熔池2/3，使焊缝表面平整。运条时，三角形斜边向上预热清渣稍快，斜边向下焊接稍慢，三角形底边横向摆动需均匀，如图 1-6-1 所示。合适的焊接规范（电流、角度、速度）下，熔池呈马蹄形露出 2/3，1/3 的熔池覆盖在熔渣下面；如熔池呈椭圆形或熔渣全部覆盖熔池，说明热输入较低，应加大焊条前进角，或放慢运条速度；若弧坑太深，熔池下坠，应减小焊条角度，或增大运条速度和间距。底层焊角高约 4~5 mm，如图 1-6-2 所示。

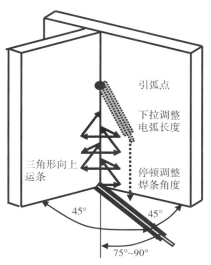

图 1-6-1 引弧、起头及焊条角度

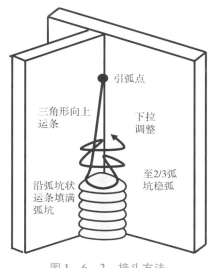

图 1-6-2 接头方法

接头时，在弧坑上方 15~20 mm 处引燃电弧，快速回拉到弧坑 2/3 处，沿原弧坑形状运条，待熔池与原弧坑熔合后，转入正常焊接，如图 1-6-2 所示。收尾时，根据熔池温度高低，选择反复断弧法填满弧坑收尾。

为减小焊接角变形，焊完正面第一层焊道，用同样的方法，焊接试件背面底层焊道，再接着焊接背面第二层焊道，最后焊接正面第二层焊道。

2. 盖面焊

彻底清理打底层熔渣飞溅。焊条角度与底层焊基本相同，在距试件左端 10~15 mm 处引弧，回拉到试件最底端压低电弧，由下向上采用锯齿形或凸月牙形匀速运条，横向运条到左右两侧电弧中心对准底层焊趾，并在焊趾处适当停顿，防止咬边缺陷。焊接过程保证电弧长度 2~3 mm，每弧向前移动 1/3 熔池，如图 1-6-3 所示。接头时，与底层焊接头相同。最后焊缝以凹面或平面为好，凹凸度小于 1 mm。

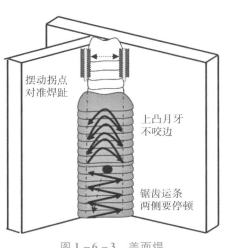

图 1-6-3 盖面焊

三分手艺，七分电流

焊接电流的正确选择和使用时焊工最基本的技能，也是保证焊接质量的基本要求。习惯上，多数焊工喜欢使用大电流进行焊接，原因是生产效率高。对于初学者，电流太小容易产生夹渣、未熔合、未焊透等缺陷；但电流太大，又容易产生焊塌、咬边、热影响区宽且晶粒粗大、接头力学性能降低、焊接应力变形大等问题。因此，正确选择焊接电流十分重要。原则上，必须将焊接电流控制在工艺规程允许的范围内，但建议取上限电流值进行焊接。对采用酸性焊条、焊缝为受力不大的联系焊缝，并且工艺上对焊接电流没有严格要求时，可以采用大电流操作。所谓大电流，是指相对于某一直径焊条的参考电流要大 20% ~ 30%。如 ϕ3.2 mm 的焊条，其参考电流为 90 ~ 100 A，大电流操作时，电流应取 110 ~ 130 A。

（四）完成焊后工作

见本项目任务一。

6.4　任务检查

见本项目任务五。

6.5　知识链接

根据 GB/T 6417.1—2005《金属熔化焊接头缺欠分类及说明》，焊接缺欠（weld imperfection）泛指焊接接头中的不连续性、不均匀性以及其他不健全的欠缺，在产品中它是允许存在的；而焊接缺陷（weld defect）是指不符合焊接产品使用性能要求的焊接缺欠，焊接缺陷在产品中是不允许存在的，如果存在，标志着判废或必须返修。

1. 裂纹

裂纹是一种在固态下由局部断裂产生的缺欠，如图 1-6-4 所示。裂纹可以从不同的角度分类。其中，根据裂纹产生的机理，可分为热裂纹、冷裂纹、再热裂纹、层状撕裂及应力腐蚀裂纹等；根据裂纹的走向及形状，可分为横向裂纹、纵向裂纹、放射状裂纹（源于同一点的裂纹）及枝状裂纹（源于同一裂纹，并且连在一起的裂纹）等；根据裂纹产生的部位，可分为焊趾裂纹、弧坑裂纹、根部裂纹、热影响区裂纹等。

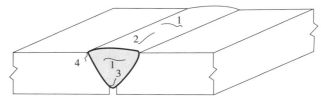

1—横向裂纹（与焊缝轴线垂直）；2—纵向裂纹（与焊缝轴线平行）；3—根部裂纹；4—热影响区裂纹。

图 1-6-4　裂纹示意图

2. 孔穴

孔穴分为气孔与缩孔两大类，气孔是指熔池中的气泡在熔化金属凝固时未能逸出而残留在焊缝中所形成的空穴；缩孔是指熔化金属在凝固过程中收缩而产生的残留在熔核中的孔穴，如图1-6-5所示。

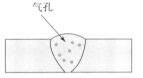

图1-6-5 气孔示意图

气孔从其形状上分，有球状气孔、条虫状气孔；从数量上，可分为单个气孔和群状气孔。群状气孔又有均匀分布气孔、密集状气孔和链状分布气孔之分。按气孔内气体成分分类，有氢气孔、氮气孔、一氧化碳气孔、水蒸气等。

气孔产生的主要原因如下：

①母材或填充金属表面有锈、油污等，焊条及焊剂未烘干，会增加气孔倾向。

②焊接线能量过小、熔池冷却速度大，不利于气体逸出，也会增加气孔倾向。

③焊接环境有风、潮湿或焊接区域存在较强的磁场等，也会增加气孔倾向。

④操作方法不正确会产生气孔。如电弧太长、起弧方法不正确、焊接速度太快等，会明显增加气孔的倾向。其中，起弧与收弧方法不正确也都会增加产生气孔的倾向。

3. 固体夹杂

残留在焊缝中的固体杂物称为夹杂，如图1-6-6所示。按夹杂的化学成分，分为夹渣（残留在焊缝金属中的熔渣）、焊剂夹渣（残留在焊缝金属中的焊剂渣）、氧化物夹杂、金属夹杂等。

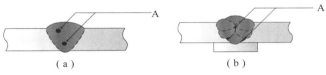

（a）　　　　　　　　　（b）

图1-6-6 夹渣示意图

（a）分散夹渣；（b）层间夹渣

常见固体夹杂的主要产生原因如下：

①层间的渣未清除干净。

②焊接电流过小，同时，焊接速度过快，致使熔渣浮不上来。

③焊条摆动太宽、太快。

④电弧太长或太短（电弧吹力不足）。

⑤焊接技能不高，缺乏对熔池的观察与控制能力。

⑥母材金属和焊接材料的化学成分不当，如熔池内含氧、氮成分较多时，形成夹杂物的机会也就增多。

4. 未焊透与未熔合

（1）未焊透

实际熔深与公称熔深之间的差异称为未焊透。未焊透的形式如图1-6-7所示。

未焊透产生主要原因如下：

①间隙小、钝边大等装配问题。

②焊接电流小、焊接速度快、焊条直径大等焊接工艺问题。

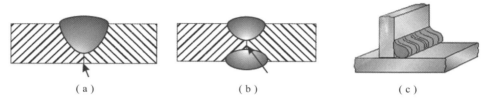

图 1 - 6 - 7   未焊透的形式

（a）单面焊未焊透；（b）双面焊未焊透；（c）角焊缝根部未焊透

③电弧长、焊条角度不正确等操作问题。

（2）未熔合

焊缝金属和母材或焊缝金属各焊层之间未熔合的部分称为未熔合。未熔合的形式如图 1 - 6 - 8 所示。

图 1 - 6 - 8   未熔合的形式

未熔合产生主要原因如下：

①电弧太长、焊条角度不正确、两侧停留时间短。

②焊接电流小，焊接速度快，导致热输入不足。

③工件不干净。

5. 形状和尺寸不良

典型的形状和尺寸不良缺陷有咬边、焊缝越高和下塌、焊瘤等，如图 1 - 6 - 9 所示。

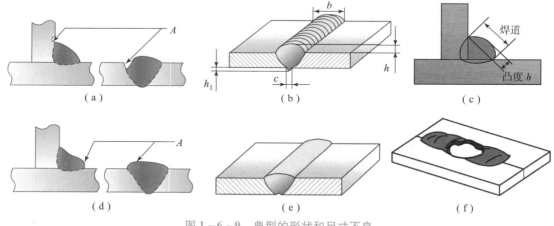

图 1 - 6 - 9   典型的形状和尺寸不良

（a）咬边；（b）焊缝越高和下塌；（c）凸度过大；（d）焊瘤；（e）根部收缩；（f）烧穿

6. 其他缺陷

其他缺陷有电弧擦伤、飞溅等。

焊接质量的影响因素

焊接质量的影响因素及主要防止措施见表 1-6-3。

表 1-6-3 焊接质量的影响因素及主要防止措施

总体因素	具体因素	主要防止措施
	人的技能高低	注重焊工培训工作，不断提高焊工技能（理论与实操）
	人的工作态度（如焊前准备工作、清理、装配等）	加强质量意识教育，建立焊工技术档案
	焊接设备的工艺性	采用工艺性能良好的焊机
	焊接设备的检查与保养	建立焊接设备使用人员责任制
	原材料与焊接材料质量	建立焊接原材料与焊接材料的进厂验收制度
	保管与使用	建立焊接材料管理制度
	技术文件的完整性与合理性	完善与优化焊接技术及工艺
	技术文件的实施情况	严格执行技术文件要求
	环境的湿度、温度、风的大小、磁场情况	禁止在恶劣环境下焊接或采取严格的工艺措施

6.6 拓展任务

低碳钢板搭接接头立角焊

低碳钢板 T 形接头立角焊与低碳钢板搭接接头立角焊在焊条角度、焊接电流大小、两侧停留时间等细节上有一定的区别，在焊接过程中控制熔池是关键，熔池形状应始终为椭圆形或扁圆形，并保持熔池外形两侧边缘平直，熔池宽度一致、厚度均匀，才能获得良好的焊缝。

习题

一、选择题

1.（　　）是控制对接焊缝反面余高太大的有效措施。

A. 减小坡口角度　　　B. 增加坡口角度　　　C. 减小根部间隙　　　D. 增大根部间隙

2. 以下焊接缺欠中，危害最大的是（　　）。

A. 气孔　　　　　　　B. 裂纹　　　　　　　C. 弧坑　　　　　　　D. 夹渣

3. 焊条电弧焊时，产生气孔的最可能的原因是（　　）。

A. 电弧过长　　　　　B. 焊接速度过慢　　　C. 坡口间隙过大　　　D. 坡口间隙过小

4. 图中的焊缝最易产生（　　　）焊接缺欠。

A. 夹渣 　　　　　　B. 焊瘤 　　　　　　C. 咬边 　　　　　　D. 气孔

成形不良的焊缝

5. 图中的焊接缺欠是（　　　）。

A. 咬边 　　　　　　B. 未熔合 　　　　　　C. 未焊透 　　　　　　D. 焊瘤

二、判断题

1. 未焊透一定出现在焊缝表面。　　　　　　　　　　　　　　　　　　　　（　　　）

2. 焊后去氢（后热）处理就是焊后热处理。　　　　　　　　　　　　　　　（　　　）

3. 气孔是指熔化金属在凝固过程中收缩而产生的残留在熔核中的孔穴。　　　（　　　）

4. 焊脚不对称主要由焊条指向不正确、焊接位置不合适引起。　　　　　　　（　　　）

5. 角焊缝凸度较大的原因是焊接速度太慢、焊接电流较大。　　　　　　　　（　　　）

三、问答题

1. 简述焊接裂纹的分类及主要产生原因。

2. 简述未焊透与未熔合的区别。

3. 简述 T 形接头立角焊的焊接工艺特点。

任务七　低碳钢板 V 形坡口对接仰焊

学习目标

1. 知识目标

- 掌握单面焊双面成形的操作方法。
- 熟悉单面焊双面成形的操作要领。
- 掌握焊条电弧焊低碳钢板 V 形坡口对接仰焊工艺要点与操作方法。

2. 技能目标

- 具有低碳钢板 V 形坡口对接仰焊的焊前准备能力。
- 具有低碳钢板 V 形坡口对接仰焊的焊接工艺制订能力。
- 具有低碳钢板 V 形坡口对接仰焊的操作能力。

3. 素质目标

- 培养学生尊重劳动、崇尚劳动、热爱劳动、敬畏劳动的精神品质。
- 培养学生爱岗敬业、一丝不苟、精益求精的工匠精神。

7.1　任务描述

按表 1-7-1 的要求，完成工件实作任务。

表 1-7-1　低碳钢板 V 形坡口对接仰焊任务表

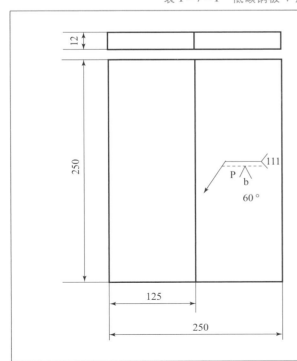

具体要求：

1. 会编制低碳钢板对接仰焊单面焊双面成形的装焊方案，并实施。

2. 会选择板对接仰焊单面焊双面成形的焊接参数，并编制工艺卡。

3. 掌握板对接仰焊单面焊双面成形的技术要求及操作要领，并能焊接出合格的焊缝。

焊接方法	焊条电弧焊
焊接设备	ZX7-400 BX1-315
试板牌号	Q235B
焊条型号	E4303
焊条规格	$\phi 3.2$ mm、$\phi 4.0$ mm

7.2 任务分析

本任务为低碳钢板 V 形坡口对接仰焊，焊缝倾角 0°、转角 90°，焊缝处于仰位。焊缝处于空间水平位置，并且熔池倒挂，熔滴张力、熔池张力有利于熔滴过渡，熔滴重力、熔池重力阻碍熔滴过渡，液态熔池、熔渣受重力影响有明显的下坠倾向。故焊接时电弧作用时间不宜太长，以保证熔池温度不能过高，发挥熔池张力作用，熔池不宜太大、太厚，以克服熔池重力影响；否则，由于电弧作用时间太长，熔池体积变大，熔池温度升高，熔池表面张力减小，重力作用熔池下坠，造成坡口背面凹陷，正面焊肉太大，甚至产生焊瘤。但温度也不宜过低，否则，由于热输入不足，不能击穿熔孔，造成未熔合、夹渣等缺陷。仰焊熔孔效应明显，但由于熔池倒挂，背面难以凸起，所以，焊接操作时采用较大电流，超短弧，快频率，断弧焊打底，运条时始终要有向上的推顶动作。焊条工作角 90°，前进角 90°~105°。

7.3 任务实施

（一）完成焊前准备工作

劳保用品、焊接设备及工辅量具、焊接材料、焊接试件准备见任务一。

（二）填写焊接工艺卡

见本项目任务一。

本任务焊接参数见表 1 - 7 - 2。

表 1 - 7 - 2　焊接参数

层次		焊条型号	焊条直径/mm	焊接电流/A	运条方法	极性
	固定焊	E5015/J507	3.2	90~100		直流反接
	打底层		3.2	115~125	小锯齿	直流正接
	填充层		3.2	95~105	小锯齿	直流反接
			4	120~135	锯齿或月牙	直流反接
	盖面层		4	115~120	锯齿或月牙	直流反接

（三）操作过程

1. 打底焊

（1）起弧

在定位焊点端部引弧、预热、摆动至固定点斜坡底部压低电弧，听到"嘭"的击穿声后做向上推顶的动作，打开熔孔，并稍做停顿，形成熔池后，向侧前方果断拉断电弧，如图 1 - 7 - 1 所示。

（2）焊接

观察熔池温度变化，待熔池稍冷，颜色变暗，焊条对准熔池与熔孔间迅速引燃电弧，并向上推顶，电弧击穿坡口根部，适当横向摆动电弧，使坡口两侧良好熔合，然后向侧前方断

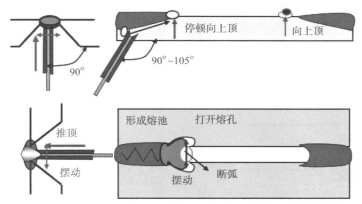

图 1-7-1　打底焊起弧焊接要点

弧。每次引弧后，2/3~1/2 电弧要覆盖熔池，1/3~1/2 电弧击穿熔孔，保护背面熔池。要求引弧准确，断弧利落。

师傅点拨

　　焊接过程中，注意观察熔池的形状，正常熔池形状为葫芦形；若熔池变为桃形或心形，说明熔池中部温度过高，铁水开始下坠，背面凹陷，此时应及时停止焊接，铲掉焊瘤，调整焊条前进角，调整运条速度、燃弧频率；若熔池呈长椭圆形，说明整体热输入不足，坡口两侧没有熔合，或左侧或右侧坡口没有熔合，应增加燃弧时间，缩短断弧时间。仰焊熔池形状如图 1-7-2 所示。

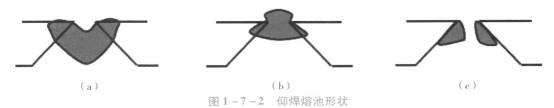

|　（a）　|　（b）　|　（c）　|

图 1-7-2　仰焊熔池形状

（a）熔池温度太高；（b）熔池温度适中；（c）熔池温度太低

　　（3）接头

　　一根焊条即将用完，回焊收弧，将熔池逐渐缩小并带到坡口面上，接头时，在熔池后 10~15 mm 引弧，稳弧后小摆动向前焊至熔孔处压低电弧，做向上推顶的动作，击穿根部，正常焊接。打底焊收弧与接头操作要点如图 1-7-3 所示。

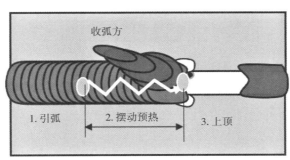

图 1-7-3　打底焊收弧与接头操作要点

热接头：更换焊条要迅速，不等熔池完全冷却，在熔池前方 15～20 mm 处引燃电弧，快速拉到熔孔，1/3 电弧对准间隙，2/3 电弧对准原熔池，稍做停顿，待铁液熔合熔孔后，转为斜锯齿正常运条。如图 1－7－4 所示，焊接中尽可能采用热接头。

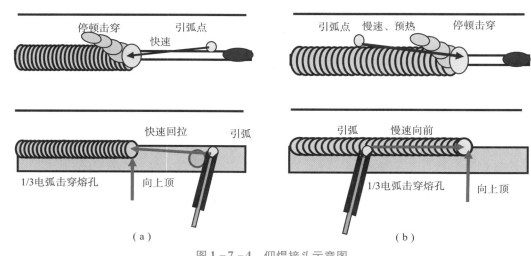

图 1－7－4　仰焊接头示意图

（a）热接头；（b）冷接头

冷接头：去除熔渣，在熔池后坡口上侧 10～15 mm 处引燃电弧，慢速移动电弧至熔孔处，加大焊条角度，停顿时间较长，听到击穿声后，变换焊条角度正常焊接。

（4）收尾

在距离固定点约半个熔孔时，焊条向上推顶，稍做停顿，然后锯齿形连弧运条，到焊缝尾端，采用回焊法收尾。收尾操作要点如图 1－7－5 所示。

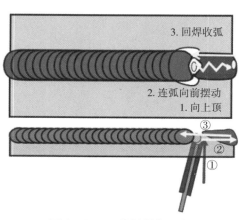

图 1－7－5　收尾操作要点

2. 填充焊

填充焊分三层完成。第一填充层主要消除打底层局部的潜在缺陷；第二填充层主要是保证焊缝表面平整，保证良好熔合；第三填充层控制距离坡口表面尺寸，以 1 ~ 1.5 mm 为宜。填充焊操作要点如下：

①彻底清理底层熔渣飞溅，可用稍大电流，锯齿运弧连弧焊。

②焊条工作角 90°，前进角 90° ~ 115°，避免电弧对已焊部位加热。

③连弧焊接，在试件端部引燃电弧稳弧后甩掉两三滴熔滴，压低电弧锯齿形摆动，焊条药皮压紧在坡口两侧适当停顿，以熔合坡口两侧母材，消除底层焊道局部的潜在缺陷，待熔池饱满后向另一侧焊趾快速摆动，压低电弧适当停顿。始终保证短弧焊接，防止产生气孔。

④热接头，快速更换焊条，在熔池前方引弧，快速回拉到弧坑，沿弧坑轮廓划弧后，转入正常运弧。

⑤收尾，当焊接到焊缝尾部时，根据焊缝温度高低，采用圆圈或回焊收尾。

其中，第二、三填充层采用锯齿连弧焊接，摆动时注意两边稍慢，中间稍快，保证两边很好熔合，中间不下坠。为避免咬边，也可采用凸月牙运弧。填充焊及接头方法如图 1 - 7 - 6 所示。

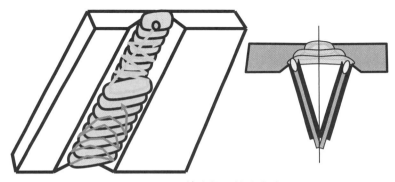

图 1 - 7 - 6　填充焊及接头方法

3. 盖面焊

盖面焊时，仔细清理熔渣飞溅，注意控制层间温度为 60 ~ 100 ℃，稍微调小焊接电流。与填充焊基本相同，采用锯齿或反月牙运条，控制前进间距、摆动幅度大小相等，中间运条比填充层稍慢，坡口两侧稍微停顿；焊条焊芯对准坡口棱边，形成熔池后熔掉棱边 0.5 ~ 1 mm，并且使熔池饱满为易，否则产生咬边。焊接始终保持短弧施焊，不得拉长电弧。盖面焊及运弧方法如图 1 - 7 - 7 所示。

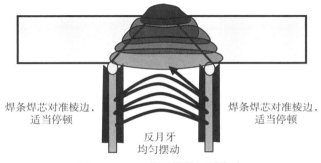

焊条焊芯对准棱边，适当停顿　　　　焊条焊芯对准棱边，适当停顿

反月牙均匀摆动

图 1 - 7 - 7　盖面焊及运弧方法

焊条横向摆动的作用：一方面是获得一定宽度的焊缝，另一方面是确保焊缝熔合良好。若采用平动的运条手法，且两侧停留时间较短时，会出现两侧夹渣、侧壁未熔合等焊接缺陷。

（四）完成焊后工作

见本项目任务一。

7.4 任务检查

见本项目任务二。

7.5 知识链接

（一）单面焊双面成形操作方法

单面焊双面成形操作技术是在坡口背面没有任何辅助措施的条件下，在坡口的正面进行焊接，焊后保证坡口的正反面都能得到均匀整齐、成形良好、符合质量要求的焊接操作方法。这是一项在压力管道和锅炉压力容器焊接中，焊工必须掌握的操作技术，其方法主要有断弧焊法和连弧焊法。

1. 断弧焊

断弧焊是通过控制电弧的燃烧和熄灭的时间以及运条动作，来控制熔池的形状、温度和熔池中液态金属厚度的一种单面焊双面成形的焊接技术。常用的操作方法有一点法、两点法和三点法，如图 1-7-8 所示。它对焊件的装配质量及焊接工艺参数的要求较低，但是它对焊工的操作技能要求较高，如果操作不当，会产生气孔、夹渣、咬边、焊瘤以及焊道外凸等缺陷。一点法适用于焊接薄板，以及小直径管和小间隙条件下的焊接；两点法与三点法适用于焊接厚板，以及大直径管和大间隙条件下的焊接。一点法和两点法最为常用。

一点法　　　　　　两点法　　　　　　三点法

图 1-7-8　断弧焊方法示意图

两点法的基本操作要点：先在始焊端前方约 10~15 mm 处的坡口面上引燃电弧，然后将电弧拉回至开始焊接处并稍加摆动，对焊件预热 1~1.5 s 后将电弧压低。当听到电弧穿透坡口发出的"哧"声时，可看到定位焊缝以及相接的坡口两侧开始熔化。当形成第一个熔池时，快速灭弧。第一个熔池常称为熔池座。

当第一个熔池尚未完全凝固，熔池中心还处于半熔化状态时，重新引燃电弧并在该熔池左前方的坡口面上以一定的焊条角度击穿焊件根部。击穿时，压短电弧对焊件根部加热 1 ~ 1.5 s，然后再迅速将焊条沿焊接反方向挑划。当听到焊件被击穿的"哧"声时，说明第一个熔孔已经形成，应快速地使一定长的弧柱（平焊时为 1/3 弧柱，立焊时为 1/3 ~ 1/2 弧柱，横焊和仰焊时为 1/2 弧柱）带着熔滴透过熔孔，使其与背面、正面的熔化金属分别形成背面和正面焊道熔池。

此时要快速灭弧，否则会造成烧穿。灭弧大约 1 s，即当上述熔池尚未完全凝固，还有焊条直径般大小的黄亮光点时，立即引燃电弧，并在第一个熔池右前方进行击穿焊。然后依照上述方法完成以后的焊缝。

各种位置断弧焊操作要点见表 1 – 7 – 3。

表 1 – 7 – 3　各种位置断弧焊操作要点

焊接位置	操作要点
平焊	平焊的熔孔在被击穿的瞬间易为液态金属所覆盖，一般不易看见，因此，为获得良好的焊道成形，在焊接时一定要注意倾听击发时发出的"噗"声。一听到这种声音，就要快速灭弧，如果稍有迟缓，就会造成熔孔过大，甚至产生焊瘤。施焊时，焊件背面应保持 1/3 弧柱
立焊	由于重力的作用，熔池液态金属和熔滴容易因下坠而产生焊瘤，施焊过程中除了要掌握好焊条倾角与灭弧频率（J507 每分钟 50 次左右）外，还应接弧准确、灭弧迅速，不要拉长弧。施焊时，焊件背面应保持 1/3 ~ 1/2 弧柱
横焊	由于重力的作用，熔滴在由焊条向焊件过渡时，易偏离焊条轴线面向下偏斜，因此，在短弧施焊的基础上，除保持一定的前倾角外，还须保持一定的下倾角。又因上坡口面受热条件好于下坡口面，且熔池液体金属的下坠现象极易造成下坡口面的熔合不良，施焊时应先击穿下坡口面根部，再击穿上坡口面根部，并使下坡口熔孔始终比上坡口熔孔超前 0.5 ~ 1 个熔孔的距离。施焊时，焊件背面应保持 1/2 弧柱
仰焊	操作要点与立焊的相同。操作时，除合理选择坡口尺寸和焊接电流外，还应特别注意焊接时在坡口两侧的稳弧动作。运条速度要快，不应做较大幅摆动，焊层要薄些。施焊时，焊件背面应保持 1/2 弧柱，如果采用碱性焊条（J506 或 J507），为了得到良好成形，不能像酸性焊条那样靠灭弧或挑弧来控制熔池温度，必须采用短弧焊，否则易产生气孔

2. 连弧焊

操作要点：先在焊件端前方约 10 ~ 15 mm 处的坡口面上引弧，然后将电弧拉回至始焊处稍加摆动，对焊件进行 1 ~ 2 s 的预热。当坡口根部产生"汗珠"时，立即将电弧压至坡口根部，可听到电弧穿透坡口而发出的"噗"声，迅速将电弧拉到另一坡口面，待金属熔化后，在两坡口间做小幅横向摆动焊接。各种位置连弧焊的操作要点见表 1 – 7 – 4。

表 1 – 7 – 4　各种位置连弧焊的操作要点

焊接位置	操作要点
平焊	接头是操作难点，一是收弧时易在背面焊道产生冷缩孔；二是接头时易产生焊道脱节，也就是接不上头。为此，其操作要点是：收弧前先在熔池前方做一个熔孔，然后再将电弧向坡口左侧或右侧带 10 ~ 15 mm 收弧，或往熔池前的一个坡口面上给两滴熔化金属收弧，但切不可使熔孔变小或使钝边增高。迅速更换焊条后，在距弧坑 10 ~ 15 mm 处起弧，运条到弧坑根部时，将焊条沿着预先做好的熔孔下压，听到"噗"声后停顿 2 s 左右，随后提起焊条，正常焊接。施焊时，焊件背面应保持 1/3 弧柱

焊接位置	操作要点
立焊	做击穿动作时，焊条倾角应稍大于90°，出现熔孔后立即恢复到原角度（45°～60°）。施焊过程中的熔孔应比平焊时稍大。在做横向摆动时，向上的幅度不宜过大，否则易产生咬边缺陷。在保证背面成形良好的前提下，焊道越薄越好，如果过厚，则易产生气孔。在焊道接头时，须先用角向磨光机或扁铲将焊道端部修磨成缓坡，然后再进行接头操作，以利于接头时的背面成形。施焊时，焊件背面应保持1/2的弧柱
横焊	先在始焊部位的上侧坡口面引弧，待根部钝边熔化后，再将熔化金属带到下侧钝边，形成第一个熔池。击穿熔池后，立即采用斜椭圆形运条法运条。从坡口上侧向下侧的运条速度要慢些，以防止夹渣，并保证填充金属与焊件熔合良好。从坡口下侧向上侧的运条速度要快些，以防止熔化金属下淌。焊接过程中要采用短弧将熔化金属送到坡口根部。收弧时，应将电弧带到坡口上侧，向后方提起收弧。施焊时，焊件背面应保持2/3弧柱
仰焊	防止背面焊道产生内凹，一要采用短弧焊，以利用电弧吹力托住熔化金属，并将部分熔化金属送到焊件背面；二要使新熔池覆盖前熔池的1/2，并适当加快仰接速度，使熔池截面积变小，形成薄焊肉，以减小焊肉自重；三要保持适当的焊条倾角（施焊方向角70°～80°），使焊条与焊件左右两侧夹角呈90°。施焊时，焊件背面应保持2/3弧柱

（二）单面焊双面成形操作要领

单面焊双面成形技术是焊条电弧难度较大的一种操作技术，熟练掌握操作要领和技巧才能保证焊出内外质量合格的焊缝与试件。

以断弧焊为例，要掌握好焊条电弧焊单面焊双面成形操作技术，必须熟练掌握"五种要领"，具体内容：看、听、准、短、控。

1. 看

焊接过程中，认真观察熔池的形状、熔孔的大小及铁液与熔渣的分离情况，还应注意观察焊接过程是否正常（如偏弧、极性正确与否等），熔池一般保持椭圆形为宜（圆形时温度已高），熔孔大小以电弧将两侧钝边完全熔化并深入每侧 0.5～1 mm 为好，熔孔过大时，背面焊缝余高过高，易形成焊瘤或烧穿。熔孔过小时，容易出现未焊透或冷接现象（弯曲时易裂开）。焊接时一定要保持熔池清晰，熔渣与铁液要分开，否则易产生未焊透及夹渣等缺陷。当焊条接过程中出现偏弧及飞溅过大时，应立即停焊，查明原因，采取对策。

2. 听

焊接时，要注意听电弧击穿坡口钝边时发出的"噗噗"声，没有这种声音，表明坡口钝边未被电弧击穿，如继续向前焊接，则会造成未焊透、熔合不良缺陷。

3. 准

送给铁液的位置和运条的间距要准确，并使每个熔池与前面熔池重叠 2/3，保持电弧 1/3 部分在溶池前方，用于加热和击穿坡口钝边。只有送给铁液的位置准确，运条的间距均匀，才能使焊缝正反面形均匀、整齐、美观。

4. 短

短有两层意思：一是指灭弧与重新引燃电弧的时间间隔要短，也就是说，每次引弧时间要选在熔池处在半凝固熔化的状态下（通过护目玻璃能看到黄亮时），对于两点击穿法，灭弧频率一般以 50～60 次/min 为宜，如果间隔时间过长，熔池温度过低，熔池存在的时间较短，冶金反应不充分，容易造成夹渣、气孔等缺陷；时间间隔过短，溶池温度过高，会使背面焊缝余高过大，甚至出现焊瘤或烧穿现象。二是指焊接时电弧要短，焊接时电弧长度等于焊条直径为宜；电弧过长，首先，对熔池保护不好，易产生气孔；其次，电弧穿透力不强，易产生未焊透等缺陷；最后，铁液不易控制，不易成形，而且飞溅较大。

5. 控

"控"，是在"看、听、准、短"的基础上，完成焊接最关键的环节。

（1）控制铁液和溶渣的流动方向

焊接过程中，电弧要一直在铁液的前面，利用电弧和药皮熔化时产生的气体定向吹力，将铁液吹向溶池后方，这样能保证熔渣与铁液很好地分离，减少产生夹渣和气孔的可能性。当铁液与溶渣分不清时，要及时调整运条的角度（即焊条角度向焊接方向倾斜），并且要压低电弧，直至铁液和熔渣分清，并且两侧钝边熔化 0.5 ~ 1 mm 缺口时方能灭弧，然后进行正常焊接。

（2）控制溶池的温度和熔孔的大小

焊接时，熔池形状由椭圆形向圆形发展，熔池变大，并出现下塌的感觉。如果不断添加铁液时，焊肉也不会加高，同时还会出现较大的熔孔，此时说明熔池温度过高，应该迅速熄弧，并减慢焊接频率（即熄弧的时间长一些），等熔池温度降低后，再恢复正常的焊接。

在电弧的高温和吹力的作用下，试板坡口根部熔化并击穿形成熔孔。施焊过程中要严格控制熔池的形状，尽量保持大小一致，并随时观察熔池的变化及坡口根部的熔化情况。

熔孔的大小决定焊缝背面的宽度和余高，通常熔孔的直径比间隙大 1 ~ 2 mm 为好，焊接过程中如发现熔孔过大，表明熔池温度过高，应迅速灭弧，并适当延长熄弧的时间，以降低熔池温度，然后恢复正常焊接，若熔孔太小，则可减慢焊接速度，当出现合适的熔孔时，方能进行正常焊接。

（3）控制焊缝成形及焊肉的高低

影响焊缝成形、焊肉高低的主要因素有：焊接速度的快慢、熔敷金属添加量（即燃弧时间的长短）、焊条的前后位置、熔孔大小的变化、电弧的长短及焊接位置等。一般的规律是：焊接速度越慢，正反面焊肉就越高；熔敷金属添加量越多，正反面焊肉就越高；焊条的位置越靠近熔池后部，表面焊肉就越高，背面焊肉高度相对减少；熔孔越大，焊缝背面焊肉就越高；电弧压得越低，焊缝背面焊肉就越高；否则，反之。在仰焊位、仰立焊位时，焊缝正面焊肉易偏高，而焊缝背面焊肉易偏低，甚至出现内凹现象。平焊位时，焊缝正面焊肉不易增高，而焊缝背面焊肉容易偏高。

仰位焊焊缝背面焊肉高度达到要求的方法是利用超短弧（指焊条端条伸入对口间隙中）焊接特性。同时，还应控制熔孔不宜过大，避免铁液下坠，这样才能使焊缝背面与母材平齐或略低，符合要求。

通过对影响焊肉高低的各种因素的分析，就能利用上述规律，对焊缝正反面焊肉的高度进行控制，使焊缝成形均匀整齐，特别是水平固定管子焊接时，控制好焊肉的高低尤为重要。

7.6　拓展任务

不等厚低碳钢板对接仰焊

任务要点：等厚与不等厚低碳钢板对接仰位焊操作方法与要点基本类似，不同之处在于电弧应多朝向厚板一侧，并且停留时间也应适当长一些。

一、选择题

1. （　　）不是焊条横向摆动的作用。

A. 确保焊缝熔合良好　　　　　　　　　B. 防止两侧出现夹渣

C. 防止两侧出现未熔合　　　　　　　　D. 减少热输入

2. 小直径管和小间隙条件下的打底焊接适合（　　）。

A. 一点法　　　　　　B. 两点法　　　　　　C. 三点法　　　　　　D. 四点法

3. 对于单面焊双面成形打底焊，在弧长过大时，说法不正确的是（　　）。

A. 对熔池保护不好，易产生气孔

B. 电弧穿透力不强，易产生未焊透等缺陷

C. 焊缝成形变得良好

D. 飞溅较大

4. 对于单面焊双面成形，在其他条件一定时，（　　）焊接位置试件背面弧柱应最短。

A. 平焊　　　　　　　B. 横焊　　　　　　　C. 立焊　　　　　　　D. 仰焊

5. 对于单面焊双面成形，在其他条件一定时，（　　）焊接位置预留的反变形应最大。

A. 平焊　　　　　　　B. 横焊　　　　　　　C. 立焊　　　　　　　D. 仰焊

二、判断题

1. 对于单面焊双面成形，焊条的位置越靠近熔池后部，表面焊肉就越高，背面焊肉高度相对减少。　　　　　　　　　　　　　　　　　　　　　　　　　　　　　　（　　）

2. 当铁液与溶渣分不清时，焊条角度应向焊接方向后方倾斜。　　　　　　（　　）

3. 灭弧焊时，如果间隔时间过长，熔池温度过低，熔池存在的时间较短，冶金反应不充分，容易造成夹渣、气孔等缺陷。　　　　　　　　　　　　　　　　　　　（　　）

4. V形坡口对接仰焊熔滴表面张力、熔滴重力都阻碍熔滴过渡。　　　　　（　　）

5. 为避免咬边，V形坡口对接仰焊可采用凸月牙运弧。　　　　　　　　　（　　）

三、问答题

1. 简述低碳钢板V形坡口对接仰焊的工艺特点。

2. 简述低碳钢板对接各种位置断弧焊的操作要点。

3. 简述低碳钢板单面焊双面成形操作要领。

任务八　低碳钢板 T 形接头仰角焊

1. 知识目标

● 掌握焊接性的概念及其主要影响因素。

● 熟悉低碳钢焊接特点。

● 掌握焊条电弧焊低碳钢板 T 形接头仰角焊工艺要点与操作方法。

2. 技能目标

● 具有低碳钢板 T 形接头仰角焊的焊前准备能力。

● 具有低碳钢板 T 形接头仰角焊的焊接工艺制订能力。

● 具有低碳钢板 T 形接头仰角焊的操作能力。

3. 素质目标

● 培养学生尊重劳动、崇尚劳动、热爱劳动、敬畏劳动的精神品质。

● 培养学生爱岗敬业、一丝不苟、精益求精的工匠精神。

8.1　任务描述

按表 1 - 8 - 1 的要求，完成工件实作任务。

表 1 - 8 - 1　低碳钢板 T 形接头仰角焊任务表

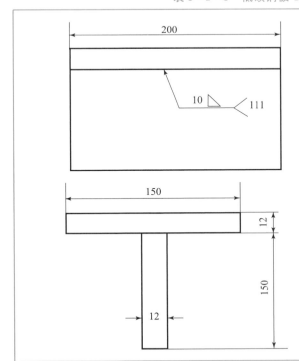

具体要求：

1. 会编制低碳钢板对接仰角焊的装焊方案，并实施。

2. 会选择低碳钢板对接仰角焊的焊接参数，并编制焊接工艺规程。

3. 掌握低碳钢板对接仰角焊的技术要求及操作要领，并能焊接出合格的焊缝。

焊接方法	焊条电弧焊
焊接设备	ZX7 - 400 BX1 - 315
试板牌号	Q235B
焊条型号	E4303
焊条规格	$\phi 3.2$ mm、$\phi 4.0$ mm

8.2 任务分析

仰角焊是最常见的一种接头形式，多用在钢结构的现场施工或钢结构维修中。

仰角焊缝处于相互垂直的两板夹角之间的角接焊缝。与平角焊相同，电弧热量经立板和平板两个方向散热，热量损失较大，最大的问题也是根部熔合问题。另一个问题就是焊缝易下垂，造成焊角不对称，产生应力集中。在焊接中，由于电弧两侧磁力线分布不均，极易造成电弧偏吹，使焊缝产生夹渣、未焊透等缺陷；仰角焊时，熔滴张力、熔池张力、电弧吹力都有利于熔滴过渡，熔池、熔滴受重力作用，都不利于熔滴过渡，熔池、熔渣有下坠的倾向，给操作也带来不利因素。熔池温度不宜过高，否则，熔池表面张力减小，重力大于张力，熔池下坠，造成焊缝下坠堆积，焊缝上侧焊趾易咬边；熔池温度也不宜过低，否则，由于热输入不足，造成根部未熔合、夹渣等缺陷。

尽管电弧热量经立板和平板两个方向散热，热量损失较大，但是焊缝处于垂直位置，焊接电流不宜太大，应比平角焊电流小约5%。根据上述分析可知，操作时，焊条角度要正确，要使电弧热量主要作用在根部，并同时均匀加热两侧板材，并且有利于熔滴向焊缝过渡。本任务确定两层两道完成焊接。

①在板角接仰焊打底焊时，焊条工作角度为40°，前进角度为80°~90°。在焊接过程中，根据熔池温度高低变化，前进角度从左向右应有由大到小的变化。

②打底焊时，为获得最大熔深，应采用较大的焊接电流短弧焊接。

③盖面焊时，采用短弧焊接，根据焊道层次及焊缝温度的情况，选择正确的运弧方向及方法。

8.3 任务实施

（一）完成焊前准备工作

劳保用品、焊接设备及工辅量具、焊接材料、焊接试件准备见任务一。

（二）填写焊接工艺卡

见任务一。

本任务焊接参数见表1-8-2。

表1-8-2　焊接参数

层次		焊条型号	焊条直径/mm	焊接电流/A	运条方法
	固定焊	E5015	3.2	130~140	
	打底焊	E5015	3.2	110~125	直线
			4	140~150	直线
	盖面焊	E5015	3.2	105~115	斜圆圈或斜锯齿
			4	140~150	斜圆圈或斜锯齿

（三）操作过程

1. 打底焊

T形接头角焊缝打底焊的主要目的就是根部熔合，避免点状条状缺陷的产生。操作要点如下：

①焊条角度：工作角与立板成40°～50°，前进角与焊接方向成80°～90°，如图1-8-1所示。

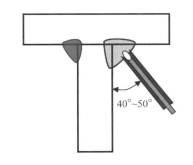
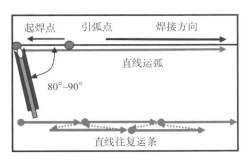

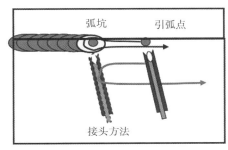
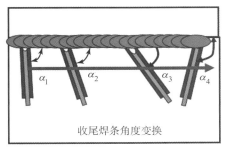

图1-8-1　打底焊操作示意图

②引弧预热：为获得较大熔深，采用较大电流打底；在距试件左端15～20 mm焊缝根部引燃电弧，匀速回焊到左端稍做停顿，调整焊条角度。

③焊接运弧：电弧对准焊缝根部，与立板成40°～50°，与焊接方向成80°～90°，如图1-8-1所示；压低电弧，匀速直线运条或直线往复运条。焊接速度不宜太慢，保证根部和两侧熔合良好，焊脚高度控制在4～5 mm。

④接头：迅速更换焊条，在弧坑前方10～15 mm处引弧，回焊至弧坑处，沿弧坑形状划弧，填满弧坑，然后正常焊接。

⑤收尾：焊接到试件最右端时，应变换焊条，前进角变大，以克服电弧偏吹的影响。

焊接过程中注意观察熔池情况，灵活改变焊条前进角度，避免熔渣超前，改变焊条工作角度，避免铁水下淌。

2. 盖面焊

T形接头角焊缝盖面焊的目的就是满足焊缝尺寸要求，避免表面缺陷的产生。

彻底清除底层熔渣，控制层间温度，采用右向焊法上下两道完成盖面焊。

焊接第一道时，主要实现焊缝与立板的良好熔合，避免焊缝下坠。焊芯对准底层道下焊趾，斜锯齿或斜圆圈运枪，焊条与立板成50°～60°工作角，与焊接方向成75°～85°前进角。

焊接过程中始终保持焊道下焊趾与仰板距离10 mm；控制熔池覆盖底层焊道2/3，1/3熔池熔合在垂直板上，斜圈摆动时，斜度要稍大，摆动幅度大小一致，焊接速度均匀适宜，与立板熔合良好，平滑过渡，避免焊趾出现应力集中。

焊接第二道时，主要实现焊缝与仰板的良好熔合，避免仰板咬边。焊芯对准打底焊道上焊趾，焊条与立板成 30°~40° 工作角，与焊接方向成 75°~85° 前进角。根据焊缝实际情况，灵活选择采用圆圈、锯齿、往复运弧。

始终保持焊道上焊趾距立板 10 mm；摆动电弧使熔池覆盖前焊道 1/3~1/2 宽度，注意控制焊接速度，摆动时电弧在仰板处稍慢一点，以避免咬边缺陷，使焊道截面呈等腰三角形，焊道宽度各处相等，焊角约 10 mm，如图 1-8-2 所示。

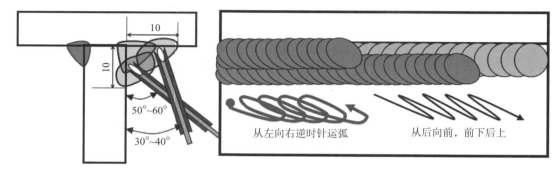

图 1-8-2　盖面焊操作示意图

（四）完成焊后工作

见本项目任务一。

师傅点拨

焊缝下坠的根本原因是熔池重力的作用。避免熔池温度升高，发挥熔池张力作用是避免焊缝下坠的主要措施，同时，运弧方向的正确与否也极大地影响焊缝成形的优劣。

咬边的主要原因是熔池铁水不够饱满，避免咬边的操作方法主要是采用合适的焊条角度，通过短弧（利于熔滴过渡），停顿补满铁水来实现。

8.4　任务检查

见本项目任务五。

8.5　知识链接

（一）焊接性概念

金属焊接性就是金属是否能适应焊接加工而形成完整的、具备一定使用性能的焊接接头的特性。金属焊接性的概念有两方面内容：一是金属在焊接加工中是否容易形成缺陷；二是焊成的接头在一定的使用条件下可靠运行的能力。简而言之，焊接性就是指金属材料"好焊不好焊"以及焊成的接头"好用不好用"。

（二）焊接性影响因素

1. 材料因素

材料因素不仅包括被焊母材本身，而且包括所使用的焊接材料，如焊条电弧焊时的焊条、埋弧焊时的焊丝和焊剂、气体保护焊时的保护气体等。它们在焊接过程中直接参与熔池或熔合区的冶金反应，对焊接性和焊接质量有重要影响。

碳当量法（Carbon Equivalent）所有元素中，碳对淬硬和冷裂纹的影响最为显著。因而，人们就将各种元素的作用按照相当于若干含碳量折合并叠加起来求得所谓的碳当量（CE 或 Ceq），并以此来评估冷裂倾向的大小。国际焊接学会（IIW）推荐：

$$Ceq = C + \frac{Mn}{6} + \frac{Cr + Mo + V}{5} + \frac{Ni + Cu}{15} \quad (\%)$$

2. 工艺因素

①焊接热源：能量密度、温度以及热量输入等，它们可以直接改变焊接热循环的各项参数。

②对熔池和接头附近区域的保护：如熔渣保护、气体保护、渣－气联合保护或真空保护等，这些都将影响焊接冶金过程。可通过焊前预热、缓冷、焊后热处理等防止热影响区淬硬变脆，减小焊接应力，避免裂纹，以提高接头使用性能。

3. 结构因素

结构因素主要是指焊接结构形状、尺寸、厚度以及接头坡口形式和焊缝布置等。焊接结构的形状、板厚和焊缝的布置决定接头的刚度和拘束度，对接头的应力状态产生影响。在设计焊接结构过程中，尽量避免接头缺口、截面突变、堆高过大、交叉焊缝等。

4. 服役条件

服役条件指工件的工作温度、负载条件和工作介质等。一定的工作环境和运行条件要求焊接结构具有相应的使用性能。例如，在低温工作的焊接结构必须具备抗脆性断裂性能，在高温工作的焊接结构要具备抗蠕变性能，在交变载荷下工作的焊接结构具有良好的抗疲劳性能，在一定腐蚀介质中工作的焊接容器应具备抗腐蚀性能等。

（三）低碳钢的焊接性

低碳钢的含碳量低（≤0.25%），Mn 和 Si 含量也较少，因此，淬硬倾向不大，是焊接性最好的钢种。一般情况下不必采取特殊的焊接措施，但是，在少数情况下，低碳钢焊接也会出现困难，主要情况如下：

①严酷条件下焊接施焊，如环境湿度低、湿度大、风速大等严酷条件下焊接时，要采取严格的工艺措施，防止焊接接头冷裂纹的产生。

②焊接工件厚度大、焊件拘束大的情况下焊接时，也会产生冷裂纹。

③采用沸腾钢冶炼的低碳钢，脱氧不完全，含氧量较高，硫、磷等杂质分布不均，局部地区含量会超标，使得时效敏感性及冷脆敏感性增大，热裂倾向也加大。

④热输入很大的条件下焊接时，由于热输入大，会降低接头的冲击韧度，焊后需要采取正火等热处理。

⑤由于某种特殊原因使铜熔入焊缝，增大了焊缝的热裂敏感性。

8.6 任务拓展

低碳钢板搭接接头仰角焊

任务要点：在板的规格一定的条件下，搭接接头仰角焊与 T 形接头仰角焊的传热有一定区别，焊接时，在焊接电流、焊接速度、焊接角度方面有所区别。

一、选择题

1. （　　）不属于碳素钢。

A. Q195　　　　　B. Q235　　　　　C. Q275　　　　　D. Q355

2. 以下关于 Q235A 与 Q235C 的说法，正确的是（　　）。

A. Q235A 比 Q235C 的力学性能好

B. Q235A 比 Q235C 的焊接性好

C. Q235A 比 Q235C 的碳当量高

D. Q235A 比 Q235C 所含 S、P 元素含量少

3. 所有元素中，（　　）对淬硬和冷裂纹的影响最为显著。

A. 碳　　　　　B. 锰　　　　　C. 硅　　　　　D. 硫

4. 以下（　　）不是影响低碳钢焊接性的工艺因素。

A. 焊接电流　　　B. 焊接速度　　　C. 电源种类　　　D. 拘束度

5. 以下（　　）是低碳钢焊接的有利因素。

A. 环境湿度低　　　B. 环境湿度高　　　C. 湿度大　　　D. 风速大

二、判断题

1. 低碳钢焊接性良好，任何情况下都可直接焊接时，无须考虑其他因素。　　　　（　　）

2. 低碳钢虽然焊接性良好，但在热输入很大的条件下焊接，也会造成接头冲击韧度的降低。　　　　（　　）

3. T 形接头仰角焊时，电弧热量经立板和平板两个方向散失，热量损失较大，所以焊接电流越大越好。　　　　（　　）

4. T 形接头仰角焊时，熔池温度不宜过高，否则，熔池表面张力增大，重力大于张力，熔池下坠。　　　　（　　）

5. T 形接头仰角焊时，待焊接到试件最右端时，应变换焊条前进角，使之变大，以克服电弧偏吹的影响。　　　　（　　）

三、问答题

1. 简述焊接性的概念及影响因素。

2. 简述低碳钢的焊接性。

3. 简述焊条电弧焊低碳钢板 T 形接头仰角焊工艺要点与操作方法。

项目二　低合金钢焊条电弧焊技能

任务一　低合金高强度钢管 V 形坡口对接垂直固定焊

学习目标

1. 知识目标

- 掌握低合金高强度钢的基础知识。
- 熟悉低合金高强度钢焊接工艺要点。
- 掌握焊条电弧焊低合金高强度钢管 V 形坡口对接垂直固定焊操作方法。

2. 技能目标

- 具有低合金高强度钢管 V 形坡口对接垂直固定焊焊前准备能力。
- 具有低合金高强度钢管 V 形坡口对接垂直固定焊焊接工艺编制能力。
- 具有低合金高强度钢管 V 形坡口对接垂直固定焊操作能力。

3. 素质目标

- 培养学生爱岗敬业、一丝不苟、知行合一的工匠精神。
- 培养学生分析问题、解决问题的工程能力和追求卓越的工匠精神。

1.1　任务描述

按照表 2-1-1 的要求，完成工件实作任务。

表 2-1-1　低合金钢管垂直固定焊任务表

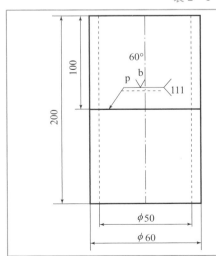

| 具体要求： |
| 1. 会编制钢管对接接头的装配方案，并实施。 |
| 2. 能对低合金高强度管对接垂直固定焊进行工艺分析。 |
| 3. 能编制低合金高强度管对接垂直固定焊焊接工艺卡。 |
| 4. 能焊出符合技术要求的焊缝。 |

焊接方法	焊条电弧焊
焊接设备	交直流焊条电弧焊机
焊件材质	Q345B
焊条型号	E5015
焊条规格	ϕ2.5 mm、ϕ3.2 mm

1.2　任务分析

本任务为低合金高强度钢管对接垂直固定焊，焊缝处于横位，试件材质为 Q345B，碳当量 Ceq 值不高于 0.45，焊件厚度较小，焊接性较好。选用 E5015（J507）碱性低氢型焊条焊接时，如果环境温度在 0 ℃ 以上，可以直接施焊；如果环境温度在 0 ℃ 以下，焊前需预热 50 ~ 100 ℃。

本任务中熔滴表面张力、熔滴重力都阻碍熔滴过渡。由于液态熔池、熔渣受重力影响下坠，坡口上侧熔孔清晰可见，坡口下侧熔孔模糊不清，给焊接操作带来不利因素，难以操作，不易控制。又由于管直径小，管壁较薄，焊接时，焊条角度要随管周向不断变化，电弧极易击穿根部，熔池温度上升过快，熔池散热较慢，熔池易从内测下坠形成焊瘤，使焊接难度增大。所以，为使熔滴顺利过渡，在操作过程中要保持短弧，电弧指向上坡口，一方面，利用电弧吹力将熔滴推向上方；另一方面，利用电弧吹力托住熔池。在焊接操作中，注意观察熔池形状变化，灵活变换焊条角度以控制熔池温度，达到焊接质量要求。为避免熔池重力的影响，发挥熔池张力的作用，电弧作用时间不宜太长，熔池温度不宜过高，否则，表面张力减小，在重力作用下，熔池下坠，造成背面焊道上侧内凹，甚至咬边，下侧下坠，产生焊瘤；但温度也不宜过低，否则，由于热输入不足，造成未熔合、夹渣等缺陷。根据焊件接头形式的特点和焊接过程中熔池温度的情况，灵活运用适当的运条方法。本任务确定两层三道完成焊接。

1.3　任务实施

（一）完成焊前准备工作

劳保用品、焊接设备及工辅量具、焊接材料、焊接试件准备见项目一任务一。其中，管管试件点固焊时，利用角钢或槽钢限制管滚动，最好使用对口钳对口，装配点固如图 2 - 1 - 1 所示。

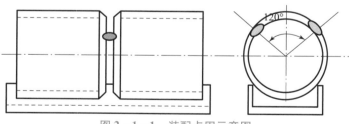

图 2 - 1 - 1　装配点固示意图

（二）填写焊接工艺卡

见项目一任务一。
本任务焊接参数见表 2 - 1 - 2。

表 2-1-2 焊接参数表

层次	层数	道数	焊条型号	焊条直径/mm	焊接电流/A	运条
	点固		E5015	2.5	75～80	
	打底	1—1	E5015	2.5	80～85	断弧
	盖面	2—1	E5015	2.5	80～90	连弧
		2—2	E5015	2.5	80～85	连弧

本任务装配参数见表 2-1-3。

表 2-1-3 装配参数表

管径/mm	壁厚/mm	间隙/mm	钝边/mm	错边量/mm	固定点	长度/mm
φ60	5	2.5～3.2	1～1.5	<0.5	2	10

师傅点拨

（三）操作过程

1. 打底焊

操作者正对焊件，身体尽量向左倾斜，随着焊缝转动而转动身体，尽量减少接头。在间隙较小的位置坡口上侧处引燃电弧，焊条与焊接方向的前进角为 65°～75°，与试件下侧的工作角成 70°～80°，如图 2-1-2 所示。击穿根部打开熔孔约 0.5～1 mm，然后电弧稍微停顿，再将电弧移动到坡口下侧稍做停顿，待铁水填满熔池后，立即向后上方断弧。观察熔池冷却情况，待熔池颜色变暗，在坡口上侧熔孔处再次引燃电弧，重复原来的动作，如图 2-1-2 所示。由于管壁较薄，极易击穿，所以每次燃弧的时间稍短些，灭弧时间都要相对长些，以降低熔池温度，减少熔滴金属的熔入量，使焊缝厚度较薄，每层厚度约 2～3 mm。

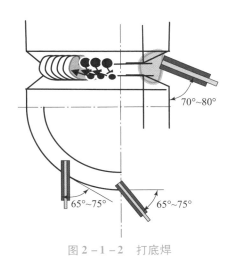

图 2-1-2 打底焊

焊接过程中，注意观察熔孔的变化，当熔孔变大时，要延长断弧的时间，缩短燃弧的时间，以调整熔池的温度，避免因熔池温度升高过快而导致背面焊缝余高过大，甚至出现焊瘤。若出现熔渣超前时，应变换焊条角度，借助电弧吹力将熔渣推到熔池后方。

封口时，在距离起头处约一个熔孔长度大小时，应向前摆动焊条，利用电弧热对起头处进行预热，当起头处处于红热状态时，再向前锯齿运条，覆盖起头 5～10 mm 做收尾处理，如图 2-1-3 所示。

2. 盖面层

彻底清理飞溅熔渣，注意控制层间温度在 100 ℃左右。由于管壁较薄，坡口尺寸较小，并且焊缝处于横焊位置，故采用上、下两道盖面，采用直线或直线往复运条，短弧焊接。每

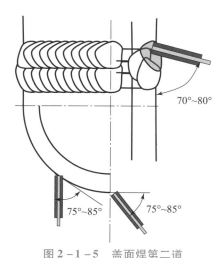

道焊缝分前、后两半圈完成。焊接开始时，操作者身体尽量向左倾斜；焊至半圈将要结束时，身体尽量向右倾斜。

焊接第一道前半圈时，起焊位置与打底焊道接头错开，焊条药皮与坡口棱边对齐，焊条与垂直方向的工作角成85°～95°，与焊接方向的前进角成75°～85°。焊接过程中，注意观察下棱边熔化情况，控制电弧前进速度，并随时调整焊条角度大小，使焊缝饱满，熔合整齐，没有焊瘤，如图2-1-4所示。若发现熔渣超前，应减缓前进速度，并将前进角变小，向后推动电弧，利用电弧吹力将熔渣推到熔池后方；若发现熔池铁水下坠，应加快前进速度，并将工作角变小，利用电弧吹力将熔池铁水托起。

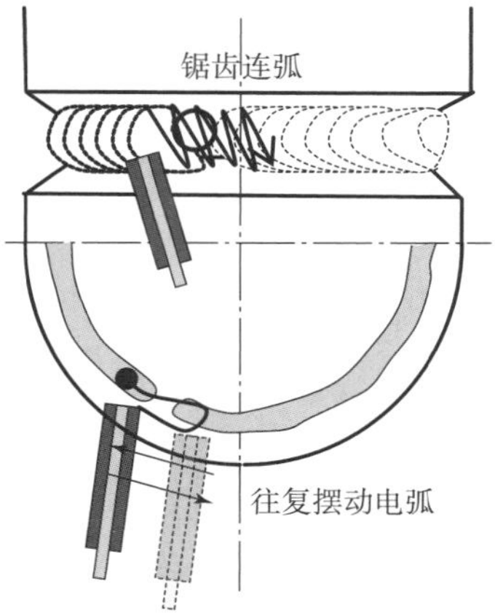

图2-1-3 打底封口操作

焊接第二道时，起焊位置与第一道接头处错开，电弧中心对准第一道焊趾，电弧指向上坡口，焊条与垂直方向成70°～80°，与焊接方向成75°～85°。焊接过程中，注意观察上棱边熔化情况，控制电弧前进速度，随时调整焊条角度大小，保证熔池饱满后再向前，否则，由于电弧移动过快而产生咬边缺陷，如图2-1-5所示。接头时，在弧坑前方10～20 mm处引弧，回拉到弧坑处压低电弧正常焊接。与前半圈接头时，应超过起焊处5 mm左右。

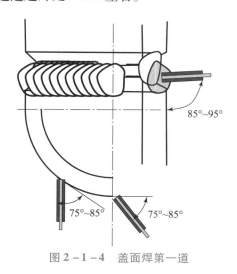

图2-1-4 盖面焊第一道

图2-1-5 盖面焊第二道

师傅点拨

管对接垂直固定焊（单面焊双面成形）实际上是横焊位置，由于焊缝为圆形，所以，操作过程中，人要移动位置，从而适应圆形焊缝。焊接前，应将焊件固定在最适合自己的一个高度，同时找好自己的位置，尽可能地减少移动次数。操作时，全身放松，呼吸自然，同时利用手腕进行操作。打底焊一般采用一点击穿电弧穿透打孔焊接法，每次引燃电弧的位置要准确，给送熔滴要均匀，断弧要果断，并控制好熄弧和再燃弧的时间。在操作中，手臂和手腕转动要灵活，运条速度应保持均匀。

（四）完成焊后工作

见项目一任务一。

1.4 任务检查

（一）外观检查

外观评分标准见表 2-1-4。

表 2-1-4 管状对接试件焊缝外观评分标准 （$\phi 60 \times 5$）

明码			裁判员			实际得分			
检查项目		标准配分	焊缝等级					实测值	得分
			I	II	III	IV			
正面焊缝	余高	标准/mm	>0, ≤1	>1, ≤2	>2, ≤3	>3			
		配分	5	3	2	0			
	高低差	标准/mm	>0, ≤1	>1, ≤2	>2, ≤3	>3			
		配分	5	3	1	0			
	宽度	标准/mm	>11, ≤12	>12, ≤13	>13, ≤14	<11, >14			
		配分	5	3	1	0			
	宽窄差	标准/mm	>0, ≤1	>1, 2	>2, ≤3	>3			
		配分	5	4~3	2~1	0			
	咬边	标准/mm	无	$H \leq 0.5$, $L \leq 15$	$H \leq 0.5$, $L \leq 30$	$H > 0.5$, $L > 30$			
		配分	8	5	2	0			
	未熔合	标准/mm	无	$L \leq 2$	$L \leq 3$	$L > 3$			
		配分	8	5	2				
	圆形缺陷	标准/mm	无	$\phi \leq 1$, $N=1$	$\phi \leq 1$, $N=2$	$\phi > 1$, $N>2$			
		配分	5	3	1	0			
	条形缺陷	标准/mm	无	$H \leq 0.5$, $L \leq 2$	$H \leq 0.5$, $L \leq 3$	$H > 0.5$, $L > 3$			
		配分	5	3	1	0			
	表面成形	标准/mm	优	良	一般	差			
		配分	4	3	2	0			

明码			裁判员			实际得分		
检查项目		标准配分	焊缝等级				实测值	得分
			Ⅰ	Ⅱ	Ⅲ	Ⅳ		
背面焊缝	余高	标准/mm	>0，≤1	>1，≤2	>2，≤3	>3		
		配分	8	5	2	0		
	凹陷	标准/mm	0	>0，≤0.5	>0.5，≤1	>1		
		配分	8	5	2	0		
	未焊透	标准/mm	0	长度≤5	长度≤10	长度>10		
		配分	10	7	4	0		
	圆形缺陷	标准/mm	无	$\phi\leq1$，$N=1$	$\phi\leq1$，$N=2$	$\phi>1$，$N>2$		
		配分	5	3	1	0		
	条形缺陷	标准/mm	无	$H\leq0.5$，$L\leq2$	$H\leq0.5$，$L\leq3$	$H>0.5$，$L>3$		
		配分	5	3	1	0		
	表面成形	标准/mm	优	良	一般	差		
		配分	4	3	2	0		
错边＋角变形		标准/mm	≤1	>1，≤2	>2，≤3	>3		
		配分	5	3	1	0		
电弧擦伤		标准	无	轻	中	重		
		配分	5	3	1	0		

（二）无损检测

试件的射线透照按照 JB/T 4730—2005《承压设备无损检测》标准进行，射线透照质量不低于 AB 级、焊缝缺陷等级不低于二级为合格。

1.5 知识链接

（一）低合金高强度钢概述

低合金钢是使用非常广泛的一类钢，按用途分，主要有以下类型：低合金高强度钢、低合金耐腐蚀钢、低合金耐磨钢、低合金耐低温钢、低合金耐热钢等。其中，低合金高强度钢由于碳含量低，具有良好的焊接性；同时，强度高于碳素结构钢，因此，在结构件中使用较多。根据 GB/T 1591—2018《低合金高强度结构钢》标准，按照轧制后热处理状态，低合金高强度钢有热轧、正火、正火轧制、热机械轧制四种。热轧钢碳当量见表 2 - 1 - 5，正火、正火轧制钢碳当量见表 2 - 1 - 6，热机械轧制或热机械轧制加回火状态钢碳当量见表 2 - 1 - 7。

牌号		碳当量（质量分数）/%　不大于				
		公称直径或厚度/mm				
钢级	质量等级	≤30	30～63	63～150	150～250	250～400
Q355	B	0.45	0.47	0.47	0.49	—
	C					—
	D					0.49
Q390	B	0.45	0.47	0.48	—	—
	C					
	D					
Q420	B	0.45	0.47	0.47	0.49	—
	C					
Q460	C	0.47	0.49	0.49	—	—

表 2－1－6　正火、正火轧制状态交货钢材的碳当量

牌号		碳当量（质量分数）/%　不大于			
		公称直径或厚度/mm			
钢级	质量等级	≤63	63～100	100～250	250～400
Q355N	B、C、D、E、F	0.43	0.45	0.45	协议
Q390N	B、C、D、E	0.46	0.48	0.49	协议
Q420N	B、C、D、E	0.48	0.50	0.52	协议
Q460N	C、D、E	0.53	0.54	0.55	协议

表 2－1－7　热机械轧制或热机械轧制加回火状态交货钢材的碳当量

牌号		碳当量（质量分数）/%　不大于					焊接裂纹敏感性指数（质量分数）/%　不大于
		公称直径或厚度/mm					
钢级	质量等级	≤16	16～40	40～63	63～120	120～150	
Q355M	B、C、D、E、F	0.39	0.39	0.40	0.45	0.45	0.20
Q390M	B、C、D、E	0.41	0.43	0.44	0.46	0.46	0.20
Q420M	B、C、D、E	0.43	0.45	0.46	0.47	0.47	0.20
Q460M	C、D、E	0.45	0.46	0.47	0.48	0.48	0.22
Q500M	C、D、E	0.47	0.47	0.47	0.48	0.48	0.25
Q550M	C、D、E	0.47	0.47	0.47	0.48	0.48	0.25
Q620M	C、D、E	0.48	0.48	0.48	0.49	0.49	0.25
Q690M	C、D、E	0.49	0.49	0.49	0.49	0.49	0.25

（二）低合金高强度钢焊接特点

传统钢材习惯采用提高碳含量的方法来提高强度，而含碳量的增加就会降低材料的焊接性。低合金高强钢打破 C、Mn、Si 系钢的传统思想，加入 V、Nb、Ti、Cu、Re、B 等多种微量合金元素，细化晶粒，净化基体，同时控制 S、P、O、N、H 的含量，并通过适当的热处理工艺来提高其综合性能。目前的低合金高强度钢是在碳钢的基础上，向钢中加入一种或几种合金（其合金元素的质量分数一般不超过 5%），使其屈服强度在 355 MPa 以上，并具有良好的综合性能。低合金高强度结构钢的焊接特点如下：

（1）冷裂纹

焊接强度等级较低的低合金高强度结构钢时，由于淬硬倾向很小，焊缝和热影响区金属的塑性较好，产生冷裂纹的可能性不大。但随着钢材强度等级的提高，淬硬倾向增加，冷裂纹的倾向也增大。又因厚板的刚度大，焊接接头的残余应力也大。因此，冷裂纹主要发生在强度级别较高的厚板结构上，低合金高强度结构钢产生热裂纹的可能性比冷裂纹小得多，只有在原材料化学成分不符合规定（如含硫、碳量偏高）时才有可能发生。冷裂纹的产生倾向与碳当量息息相关，当碳当量 Ceq < 0.4 时，焊接性良好，无须特殊工艺措施；当碳当量 Ceq = 0.4 ~ 0.6 时，焊接性逐渐变差，应采取适当的工艺措施，如焊前预热、焊后缓冷等；碳当量 Ceq > 0.6 时，裂纹倾向敏感，属难焊材料，应采取严格的工艺措施及焊后热处理。

（2）脆化现象

低合金高强度钢焊接时，热影响区中被加热到 1 100 ℃ 以上的粗晶区是焊接接头的薄弱区，冲击韧度也最低，即所谓脆化区。粗晶区脆化的原因有两个：一是热输入过大时，粗晶区将因晶粒长大或出现魏氏组织等而降低韧性；二是热输入过小时，由于粗晶区组织中淬硬组织马氏体比例的增大而降低韧性。为防止热影响区的脆化，采用合适的焊接工艺参数焊接时，通过调整焊接工艺参数（焊接线能量 ≤2 kJ/mm），缩短高温停留时间，避免奥氏体晶粒长大；采用合适的 $t_{8/5}$，使 HAZ 获得韧化组织。

（3）软化现象

受焊接热循环的影响，高强低碳调质钢存在强化效果损失的现象（称为软化和失强），焊前母材强化程度越大，焊后 HAZ 的软化程度（失强率）越大。高强调质钢 HAZ 发生软化，与碳化物的沉淀和聚集长大过程有密切联系。HAZ 峰值温度直接影响奥氏体晶粒度、碳化物溶解以及冷却时的组织转变。HAZ 软化最明显的部位是峰值温度处于 Ac1 ~ Ac3 之间的区域，这与该区不完全淬火过程有密切关系。焊接 HAZ 区 Ac1 ~ Ac3 温度区是不完全淬火区域，回火后的组织是铁素体、粗大碳化物及低碳奥氏体分解产物，塑性变形抗力很小，表现为软化失强，硬度明显降低。

焊接中只要设法减少软化区的宽度，即可将焊接 HAZ 软化的危害降到最低程度。因此，高强调质钢焊接时，不宜采用大的焊接线能量或较高的预热温度。不同的焊接工艺会产生不同的晶粒度，如图 2 - 1 - 6 所示。

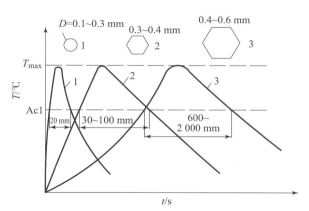

1—焊条电弧焊（δ≤10 mm）；2—埋弧焊（δ=15～25 mm）；3—电渣焊（δ=100～200 mm）。

图 2－1－6　焊接方法对过热区高温停留时间和晶粒大小的影响

（三）焊接工艺要点

1. 减少高强钢焊接热循环次数

在传统钢结构制作、焊接、施工的全过程中，减少高强钢焊接热循环次数的关键环节是：

（1）在钢结构的下料切割工艺中采用新技术

传统燃气下料切割是钢结构焊接接头的第一次热循环，研究中发现：在切割带淬硬倾向钢材时，切割表面形成近 1 mm 的淬硬层，对焊接极其不利；在高强钢焊接性试验研究中，认为水喷射切割、水下等离子切割、机械加工方式可以避免和减少下料切割工序热循环的影响。

（2）减少或取消碳弧气刨

碳弧气刨的热循环形式虽然不同于焊接，但碳弧气刨瞬间线能量比普通焊接大很多，在钢材气刨热影响区中，热循环仍然与焊接相似，同时气刨表面硬度增加。

2. 采用多层多道错位焊接技术

在焊后冷却过程中，焊缝从接近基本金属开始凝固，单道焊的组织为典型的柱状结晶，且共晶粒通常是沿等温曲线法向（即最大温度梯度方向）长大。由于凝固是从纯度较高的高熔点物质开始，所以，在最后凝固部分及柱状晶的间隙处，便会留下低熔点不纯物质。在多层焊时，对前一道焊缝重新加热，加热超过 900 ℃ 的部分可以消除柱状晶并使晶粒细化。因此，多层焊比单层焊的力学性能要好，特别是冲击韧性有显著的提高。采用"多层多道错位焊接技术"使高温在 HAZ 停留时间短，对焊缝没有反复加载的作用，同时有效地防止偏析，焊接接头获得良好的综合性能。

3. 后热与焊后热处理

焊接后立即对焊件的全部（或局部）进行加热（300～350 ℃）或保温，使其缓冷的工艺措施叫后热。后热的目的是降低焊接接头特别是热影响区中扩散氢的含量，所以又称为去氢处理，是焊接某些低合金结构钢预防产生延迟裂纹的重要工艺措施。焊后为改善焊接接头的组织和性能或消除残余应力而进行的热处理，称为焊后热处理。对于厚壁压力容器，常用的方法是高温回火。各种金属材料的回火温度见表 2 - 1 - 8。

表 2 - 1 - 8　各种金属材料高温回火温度　　　　　　　　℃

碳钢及合金钢	奥氏体钢	铝合金	镁合金	钛合金	铸铁
580 ~ 680	850 ~ 1 050	250 ~ 300	250 ~ 300	550 ~ 600	600 ~ 650

后热不等于焊后热处理。后热的目的是去氢，防止延迟裂纹。焊后热处理的目的是改善接头组织性能，消除焊接残余应力。此外，焊后热处理的加热温度比后热要高得多。当然，如果焊后焊件同时要进行这两种处理，若能及时进行焊后热处理，则可免去后热处理。

知识拓展

低合金钢管相关标准

不同的行业，低合金钢管有不同的标准，以下简要介绍几个常用的标准。

（1）GB 3087—2008《低中压锅炉用无缝钢管》

用途：用于中低压锅炉（工作压力一般不大于 5.88 MPa，工作温度在 450 ℃ 以下）的受热面管子、集箱及蒸汽管道。本产品适用于制造各种结构用低中压锅炉过热蒸汽管、沸水管及机车锅炉用过热蒸汽管、大烟管、小烟管所用的优质碳素结构无缝钢管。

（2）GB/T 5310—2017《高压锅炉用无缝钢管》

高压锅炉管使用时经常处于高温和高压（工作压力一般在 9.8 MPa 以上，工作温度为 450 ~ 650 ℃）条件，管子在高温烟气和水蒸气的作用下，会发生氧化和腐蚀。要求钢管具有高的持久强度、高的抗氧化腐蚀性能，并有良好的组织稳定性。高压锅炉用无缝钢管的牌号主要有优质碳素结构钢：20G、20MnG、25MnG；合金结构钢：15MoG、12CrMoG、15CrMoG 等；不锈（耐热）钢三类。

（3）GB/T 8163—2018《输送流体用无缝钢管》

输送流体用无缝管是用于输送水、油、气等流体的一般无缝管，主要用于工程及大型设备上输送流体管道。代表材质（牌号）为 10、20、Q345、Q390、Q420、Q460 等。

1.6　任务拓展

Q460 低合金高强度钢管 V 形坡口对接垂直固定焊

任务要点：

1. 焊接特点分析

当正火状态的 Q460 的 Ceq 为 0.53%，焊接时有明显的淬硬倾向，热影响区容易形成脆而硬的马氏体组织，塑性和韧性下降，耐应力腐蚀性能恶化，冷裂纹倾向增加，因此焊前需要预热，焊接时需要较小的线能量，若焊接线能量过高，会导致热影响区性能降低；减少高温区停留时间；同时，为防止产生裂纹，焊接过程中应严格保持低氢条件，以减少热影响区的韧性下降。

2. 焊接工艺要点

为防止 Q460 钢管焊接时产生裂纹，需采取以下措施：

①采用低氢型焊条，如 E5515 或 E6015。

②钢管焊前预热 150~200 ℃。

③焊接时严格控制焊缝热量的输入，采用小的线能量，多层多道焊（注意，多层焊时，道与道之间不要齐头，以免后续焊道无法起焊），有利于细化晶粒，提高韧性。注意，第一道焊缝需小直径焊条及小的焊接电流，以降低母材在焊缝中的金属比例，并合理控制焊后冷却速度。

④焊后 300~400 ℃保温 2 h 进行消氢处理，再包裹石棉布进行缓冷。

习题

一、选择题

1. 当低合金钢的碳含量增加时，以下说法不正确的是（　　）。

A. 硬度提高　　　　　　　　　　　B. 抗拉强度提高

C. 屈服强度提高　　　　　　　　　D. 塑性韧性提高

2. 以下关于 Q355 与 Q355M 的说法，正确的是（　　）。

A. Q355 比 Q355M 的力学性能好　　B. Q355 比 Q355M 的焊接性好

C. Q355 比 Q355M 的碳当量高　　　D. Q355 比 Q355M 所含合金元素种类多

3. 低合金高强钢在焊前进行预热的主要目的是（　　）。

A. 防止焊接变形　　　　　　　　　B. 避免咬边

C. 减少淬硬程度和避免冷裂纹　　　D. 防止产生热裂纹

4. 低合金高强钢焊后热处理的温度为（　　）。

A. 200~300 ℃　　B. 550~600 ℃　　C. 580~580 ℃　　D. 850~1 050 ℃

5. 低合金高强钢后热的主要目的是（　　）。

A. 去氢，防止延迟裂纹　　　　　　B. 减小焊接所产生的残余应力

C. 防止变形　　　　　　　　　　　D. 提高高温蠕变强度

二、判断题

1. 对于低合金高强度钢，水下等离子切割的淬硬层比火焰切割的小。　　　　（　　）

2. 低合金高强度钢的脆化主要在 300 ℃以下产生。　　　　　　　　　　　（　　）

3. 对于低合金高强度钢，后热可以替代焊后热处理。　　　　　　　　　　（　　）

4. 焊接方法对低合金高强度的性能有较大影响。　　　　　　　　　　　　（　　）

5. 低合金高强度钢第一道焊缝需小直径焊条及小的焊接电流，以减少母材在焊缝中的金属比例，可避免裂纹的产生。　　　　　　　　　　　　　　　　　　　（　　）

三、简答题

1. 简述低合金高强度钢的焊接特点。

2. 简述低合金高强度钢的焊接工艺要点。

3. 简述低合金高强度钢管 V 形坡口垂直固定焊的操作方法。

任务二　低合金耐热钢管 V 形坡口对接水平固定焊

学习目标

1. 知识目标
- 熟悉热强钢焊条的选用原则。
- 掌握焊条电弧焊低合金耐热钢管 V 形坡口对接水平固定焊操作方法。

2. 技能目标
- 具有低合金耐热钢管 V 形坡口对接水平固定焊的焊前准备能力。
- 具有低合金耐热钢管 V 形坡口对接水平固定焊的焊接工艺编制能力。
- 具有低合金耐热钢管 V 形坡口对接水平固定焊的操作能力。

3. 素质目标
- 培养学生爱岗敬业、一丝不苟、知行合一的工匠精神。
- 培养学生分析问题、解决问题的工程能力和追求卓越的工匠精神。

2.1　任务描述

按照表 2 - 2 - 1 的要求，完成工件实作任务。

表 2 - 2 - 1　低合金耐热钢管 V 形坡口水平固定焊任务表

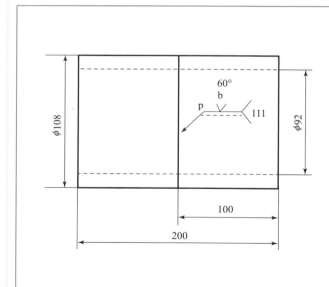

具体要求： 1. 会编制钢管对接接头的装配方案，并实施。 2. 能对低合金耐热钢管对接水平固定焊进行工艺分析。 3. 能编制低合金耐热钢管对接水平固定焊焊接工艺。 4. 能焊出符合技术要求的焊缝。	
焊接方法	焊条电弧焊
焊接设备	直流焊条电弧焊机 ZX7 - 400
焊件材质	12Cr1MoV
焊条型号	E5515 - B2 - V （R317）
焊条规格	ϕ3.2 mm、ϕ4.0 mm

2.2　任务分析

根据图样可知，本焊件为耐热钢管对接水平固定焊，焊缝处于 5G 位置。试件为蒸汽管道中常用的耐热钢，牌号为 12Cr1MoV 钢，其管外径为 108 mm，管壁厚度为 8 mm，焊缝坡口角度为60°。根据碳当量估算，$Ceq = 0.63 > 0.6$，冷裂纹倾向敏感，焊前需要采取120~150 ℃预热措施，焊后采取980~1 020 ℃正火 +720~760 ℃回火工艺措施，以消除焊接残余应力，改善金属焊缝组织，降低焊缝及热影响区的硬度，提高接头的高温蠕变极限和组织稳定性。焊接材料选用与母材化学成分相当的 E5515 – B2 – V（R317）低氢型耐热钢焊条，焊前经350~400 ℃烘干，保温2 h，然后150 ℃保温待用。

管对接水平固定焊，焊接过程有仰位、仰爬坡位、立爬坡位、平位的位置变化，焊接时焊条角度要随管周向不断变化，以便于熔滴过渡，焊接难度较大。由于管壁较厚，特别是作为焊接起始部位的仰焊位置，试件温度较低，电弧不易击穿根部，若操作不当，会产生未焊透；在立位，有可能造成正反面焊缝产生焊瘤；在平位，焊缝易凹陷，甚至烧穿，背面产生焊瘤。应使用较合适的电流，既保证焊透，又不致使熔池温度升高，产生烧穿或焊瘤。

为此，焊接时，采用较小的焊条直径和较小的焊接电流，采用短弧焊，选择合理的焊条角度，以利于熔滴过渡，并灵活运用不同的运弧方法，保证焊缝平整。确定采用三层三道完成焊接，控制层间温度为150 ℃左右。

2.3　任务实施

（一）完成焊前准备工作

劳保用品、焊接设备及工辅量具、焊接材料、焊接试件准备见本项目任务一。

（二）填写焊接工艺卡

见本项目任务一。

本任务焊接参数见表2 – 2 – 2。

表2 – 2 – 2　焊接参数表

层次		焊条型号	焊条直径/mm	焊接电流/A	运条方法	极性
	固定焊	E5515/R317	3.2	90~100		直流反接
	打底层		3.2	100~110	断弧焊	直流反接
	填充层		3.2	120~130	断弧焊	直流反接
	盖面层		3.2	95~105	锯齿或月牙	直流反接

（三）操作过程

1. 打底焊

分前、后两个半圈完成打底焊。前半圈从6点半开始到11点半结束。在间隙较小的仰焊（6点半）位置左坡口引弧，焊条与试件轴向夹角（工作角）为90°，与试件焊接方向夹角（前进角）成70°~85°，待左坡口根部击穿熔化并形成熔池，快速移动电弧到右坡口，待右坡口根部击穿并形成熔池，与左坡口搭桥后电弧稍微停顿，形成第一个完整熔池，压低电弧打开熔孔，立即断弧，此时，在熔池前方坡口两侧各熔掉根部0.5~1 mm，如图2 – 2 – 1所示。观察熔池冷却情况，待熔池颜色变暗，在左侧熔孔处再次引燃电弧，稍做停顿，横拉电弧到坡口右侧，稍做停顿，压低电弧打开熔孔，再次断弧；同时扭动手腕，调整焊条角度，重复上述动作，形成完整焊缝。

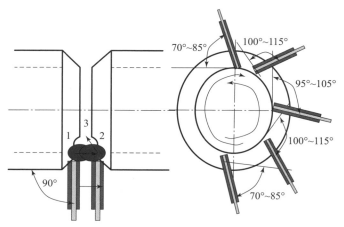

图 2 - 2 - 1　管管对接水平固定焊打底方法

尽量采用热接头，快速更换焊条，直接在熔孔处引燃电弧，燃弧时间相对稍长，接着正常焊接；若采用冷接头，需要将接头处修成斜坡，在斜坡顶端引燃电弧，移动电弧到斜坡底部，打开熔孔，转入正常焊接。当焊至距固定点 2 ~ 3 mm（约一个熔孔）时，应小锯齿连弧焊接，越过固定点打开熔孔，继续正常焊接。

由于管壁较厚，不易击穿，所以要控制每次燃弧的时间相对长些，断弧时间要相对短些。焊接过程中，注意观察熔孔的变化，当熔孔变大时，要延长断弧的时间，缩短燃弧的时间，以调整熔池的温度，避免因熔池温度升高过快而导致背面焊缝余高过大，甚至出现焊瘤。焊接过程中，随着焊缝位置的变化，应扭动手腕，不断改变焊条角度，使之有利于熔滴过渡，避免熔渣超前，如图 2 - 2 - 2 所示。

前半圈焊完后，清理熔渣，修正焊缝始端、终端呈斜坡，调整操作位置，在 5 点半处引燃电弧，到 6 点半处压低，打开熔孔。重复前半圈的操作，焊到与前半圈相距 2 ~ 3 mm 处时，应改为小锯齿连弧焊到 12 点半结束收弧。

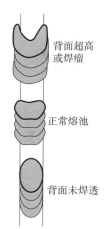

图 2 - 2 - 2　打底焊熔池
温度与形状

2. 填充焊

彻底清理底层熔渣，用扁铲铲除接头高点和焊瘤，使底层焊道基本平整。

填充层分前、后两个半圈焊接，焊条角度与打底层的基本相同，无论是先焊前半圈还是后半圈，在仰位起焊时，都要超过 6 点位置，以使接头方便。在 6 点半（或 5 点半）引弧后，稍做停顿稳弧，当形成熔池后，小锯齿摆动。由于坡口较窄，摆动过程要快，坡口两侧要停顿，中间一带而过，主要熔透底层焊缝两侧与坡口夹角。下半圈前进间距以压住半个熔池为宜，上半圈压住 2/3 熔池，以使上、下各半圈焊缝高低基本相同。

先焊的半圈超过 12 点位置结束。焊接后半圈时，在前半圈起焊点的上方 10 ~ 15 mm 处引弧，下拉电弧压住前起焊点稍做停顿，小锯齿向上摆动，与前半圈相同，超过前半圈收弧点 5 ~ 10 mm，回焊收弧，如图 2 - 2 - 3 所示。

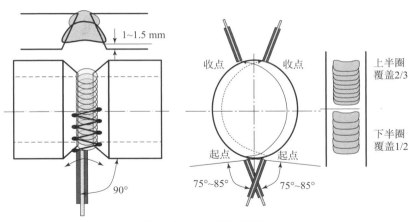

图 2 – 2 – 3　填充层方法

整个焊接过程要注意手腕的动作，保证焊条角度有利于熔滴过渡。控制焊缝的高度，距离棱边 1 ~ 1.5 mm 为宜。

3. 盖面焊

清除前层焊道熔渣，控制层间温度约 100 ℃，与填充焊方法相同，摆动幅度稍大，根据填充焊道深度大小，决定运条速度快慢。下半圈可采用锯齿形或凸月牙形运条，上半圈可采用凹月牙形运条，以解决下半圈焊肉余高大、上半圈焊肉余高小的问题，使上下半圈焊缝高低一致。焊条摆动到坡口两侧时，焊条电弧中心对准坡口棱边，形成熔池后熔掉棱边 1.5 mm 左右，焊后产生余高 1 ~ 2 mm 为宜，如图 2 – 2 – 4 所示。

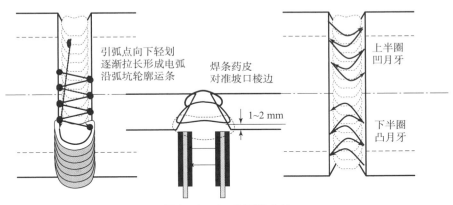

图 2 – 2 – 4　盖面焊方法

接头方法采用热接法。在弧坑前方 10 ~ 15 mm 处引弧，快速拉回，压住弧坑 2/3，沿弧坑轮廓摆动电弧，与前弧坑熔合，转入正常焊接。焊到超过 12 点 5 ~ 10 mm 处收弧，后半圈焊到覆盖前半圈 5 ~ 10 mm 处收弧，使弧坑饱满。

打底焊与盖面焊焊条角度的区别

　　根部打底层主要保证焊透，盖面层焊缝与根部是否焊透无关，主要技术问题是盖面层焊缝应成形良好，余高应符合技术规定，焊缝与母材圆滑过渡，无咬边。为此，焊条与管子焊接方向切线的夹角应比打底层焊接稍大5°左右，如图2-2-5所示。

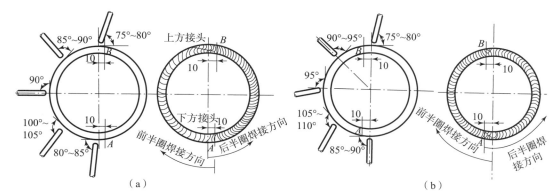

图2-2-5　打底焊与盖面焊焊条角度对比

（a）水平固定管打底层各点焊条角度；（b）水平固定管盖面层各点焊条角度

（四）完成焊后工作

见项目一任务一。

2.4　任务检查

（一）外观检查

外观评分标准见表2-2-3。

表2-2-3　管状对接接头（5G，φ108×8）焊缝外观评分标准

检查项目	评判标准及得分	评判等级				评测数据	实得分数
		I	II	III	IV		
焊缝余高	尺寸标准/mm	≤1	>1，≤2	>2，≤3	<0，>3		
	得分标准	4	3	2	0		
焊缝高度差	尺寸标准/mm	≤1	1~2	2~3	>3		
	得分标准	6	4	2	0		
焊缝宽度	尺寸标准/mm	≤15	15~16	16~17	>17		
	得分标准	4	2	1	0		
焊缝宽度差	尺寸标准/mm	≤1.5	1.5~2	2~3	>3		
	得分标准	6	4	2	0		

检查项目	评判标准及得分	评判等级				评测数据	实得分数
		I	II	III	IV		
咬边	尺寸标准/mm	无咬边	深度≤0.5		深度>0.5		
	得分标准	10	每2 mm扣1分		0		
正面成形	尺寸标准/mm	优	良	中	差		
	得分标准	6	4	2	0		
背面成形	尺寸标准/mm	优	良	中	差		
	得分标准	4	2	1	0		
背面凹	尺寸标准/mm	0~0.5	0.5~1	1~2	>2		
	得分标准	3	2	1	0		
背面凸	尺寸标准/mm	0~0.5	0.5~1	1~2	>2		
	得分标准	3	2	1	0		
角变形	尺寸标准/mm	0	≤1	>1，≤2	>2		
	得分标准	4	3	1	0		
优			良		中		差
成形美观，焊缝均匀、细密，高低宽窄一致		成形较好，焊缝均匀、平整		成形尚可，焊缝平直		焊缝弯曲，高低宽窄明显	

（二）无损检测

见本项目任务一。

2.5 知识链接

（一）耐热钢概述

高温（>350 ℃）时具有足够的高温强度、持久性能和抗氧化性能的钢称为耐热钢。耐热钢按其合金元素总含量的不同，可分为低合金、中合金和高合金耐热钢。

合金元素总的质量分数在5%以下的合金耐热钢统称为低合金耐热钢，常常通过添加V、W、Ti、Nb合金元素来增强其高温抗蠕变性能，由于合金元素的添加，使得热强钢焊接性能变差，常常需要焊前预热以降低冷裂概率。其合金系列有Mo、Cr-Mo、Mo-V、Cr-Mo-V、Mn-Ni-Mo等。用于焊接结构的低合金耐热钢，为改善其焊接性，碳的质量分数均控制在0.2%以下。合金元素总的质量分数为2.5%以下的低合金热钢在供货状态下具有珠光体加铁素体组织，故也称为珠光体型耐热钢。珠光体型耐热钢使用温度为400~650 ℃。

（二）热强钢焊条的选用

热强钢焊条选用原则如下：

1. 工作温度

在高温下，钢容易被氧化、被腐蚀，强度也会下降，不同牌号的热强钢有不同的高温持久强度，适用于不同的工作温度。选择焊条首要考虑其熔敷金属适用的工作温度。

2. 化学成分

热强钢要在高温下长期工作，为了保证耐热钢的高温性能，须向钢中加入较多的合金元素（如 Cr、Mo、V、Nb 等）。在选择焊接材料时，首先要保证焊缝性能与母材匹配，具有必要的热强性，因此要求焊缝金属的化学成分应尽量与母材一致。如果焊缝与母材化学成分相差太大，高温长期使用后，接头区域某些元素发生扩散现象（如碳元素在熔合线附近的扩散），使接头力学性能下降。为了提高焊缝金属的抗热裂能力，焊缝中的碳含量应略低于母材的碳含量，一般应控制在 0.07% ~ 0.15%。

3. 强度匹配

在化学成分相近的前提下，选择焊缝强度与母材相匹配，即母材和焊材强度相当相近：低强度级别的母材可以选用比其强度略高的焊条，高强度级别母材可以选用比其强度略低的焊条，介于两者之间的母材可以等强度、等韧性选用焊条。

除以上之外，选用焊条还考虑了施工条件、坡口形式与拘束度、焊条工艺性、成本、效率和安全卫生等因素，部分热强钢焊条选用见表 2-2-4。

表 2-2-4　部分热强钢焊条选用

焊条型号	对应牌号	适用范围	预热与道间温度/℃	焊后热处理温度/℃
E5003-1M3	R102	用于工作温度在 510 ℃以下的热强钢焊接，如 15Mo；特别适合盖面焊	90 ~ 110	605 ~ 645
E5018-1M3	R106Fe	用于工作温度在 510 ℃以下的热强钢焊接，如 15Mo；焊缝低氢抗裂；高效焊接	90 ~ 110	605 ~ 645
E5515-CM	R207	用于工作温度在 510 ℃以下的热强钢焊接，如 12CrMo；焊缝低氢抗裂	160 ~ 190	675 ~ 705
E5515-1CM	R307	用于工作温度在 510 ℃以下的热强钢焊接，如 15CrMo；焊缝低氢抗裂	160 ~ 190	675 ~ 705

2.6　任务拓展

12Cr1MoV 钢管氩电联焊

任务要点：氩电联焊是采用钨极氩弧焊打底，再用焊条电弧焊填充盖面的焊接方法。氩电联焊具有焊接质量高、焊接速度快、射线探伤合格率高等特点，从而被管道安装单位广泛应用。与单一的焊条电弧焊方法相比，氩电联焊要求焊接人员熟练掌握两种焊接方法，难度有所提高。

习题

1. 珠光体耐热钢最高使用温度一般为（　　）。

A. 350 ~ 400 ℃　　　　B. 400 ~ 450 ℃　　　　C. 450 ~ 500 ℃　　　　D. 450 ~ 600 ℃

2. E5515-B2-V 中的 55 代表（　　）。

A. 药皮类型　　　　　　　　　　　　　B. 熔敷金属抗接强度最小值

C. 熔敷金属化学成分分类代号　　　　　　D. 熔敷金属扩散氢含量

3. E5515 – B2 – V 焊条是（　　　）焊条。

A. 低温钢　　　　　B. 不锈钢　　　　　C. 奥氏体耐热钢　　　D. 珠光体耐热钢

4. 耐热钢的高温力学性能主要指（　　　）。

A. 热稳定性　　　　B. 热塑性　　　　　C. 热强性　　　　　D. 热硬性

5. 低合金耐热钢的合金含量小于（　　　）。

A. 1%　　　　　　　B. 5%　　　　　　　C. 10%　　　　　　D. 15%

二、判断题

1. 耐热钢焊接时，焊接材料的选用优先考虑其熔敷金属适用的强度。　　　　（　　　）

2. 再热裂纹是指一些含铬、钼或钒的耐热钢、高强钢焊接后，为消除焊后残余应力，改善接头金相组织和力学性能，而进行消除应力热处理过程中产生的裂纹。　（　　　）

3. 单面焊双面成形打底焊时，平焊时背面弧长比立焊时长。　　　　　　　　（　　　）

4. 熔孔的大小影响焊缝背面的宽度和余高。　　　　　　　　　　　　　　　（　　　）

5. 5G 管焊接时，焊缝中间凸可能的原因是两侧停留时间短。　　　　　　　（　　　）

三、简答题

1. 简述热强钢焊条的选用原则。

2. 简述耐热钢管对接水平固定焊时的工艺特点。

3. 简述耐热钢管对接水平固定焊的操作要领。

任务三　低合金耐热钢管 V 形坡口对接 45°固定焊

学习目标

1. 知识目标

- 掌握焊接温度场、焊接热循环的含义。
- 熟悉焊接温度场、焊接热循环对焊接过程与质量的影响。
- 掌握焊条电弧焊低合金耐热钢管 V 形坡口对接 45°固定焊操作方法。

2. 技能目标

- 具有低合金热强钢管 V 形坡口对接 45°固定焊的焊前准备能力。
- 具有低合金热强钢管 V 形坡口对接 45°固定焊的焊接工艺编制能力。
- 具有低合金热强钢管 V 形坡口对接 45°固定焊的操作能力。

3. 素质目标

- 培养学生爱岗敬业、一丝不苟、知行合一的工匠精神。
- 培养学生分析问题、解决问题的工程能力和追求卓越的工匠精神。

3.1　任务描述

按照表 2 – 3 – 1 的要求，完成工件实作任务。

表 2 – 3 – 1　低合金耐热钢管 V 形坡口对接 45°固定焊任务表

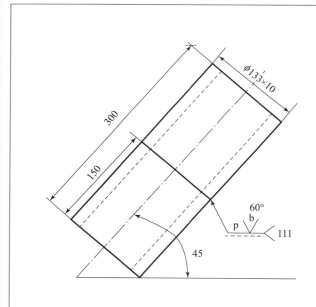

具体要求： 1. 会编制低合金耐热钢管 V 形坡口对接 45°固定焊的装配方案，并实施。 2. 能对低合金耐热钢管 V 形坡口对接 45°固定焊进行工艺分析。 3. 能编制低合金耐热钢管 V 形坡口对接 45°固定焊焊接工艺。 4. 能焊出符合技术要求的焊缝。	
焊接方法	焊条电弧焊
焊接设备	直流焊条电弧焊机 ZX7 – 400
焊件材质	低合金耐热钢 12Cr1MoV
焊条型号	E5515 – B2 – V （R317）
焊条规格	ϕ3.2 mm、ϕ4.0 mm

3.2　任务分析

根据题目和图样可知，本试件为耐热钢管对接 45°固定焊，焊缝处于 6G 位置。

试件为耐热钢最常见牌号 12Cr1MoV 钢，其管外径为 133 mm，管壁厚度为 10 mm，焊缝坡口角度 60°，根据碳当量估算，$Ceq = C + Mn/6 + (Cr + Mo + V)/5 + (Cu + Ni)/15 = 0.63 > 0.6$，冷裂纹倾向敏感，焊前需要采取 120 ℃ 预热措施，焊后采取 980 ~ 1 020 ℃ 正火 + 720 ~ 760 ℃ 回火工艺措施，以消除焊接残余应力，改善金属焊缝组织，降低焊缝及热影响区的硬度，提高接头的高温蠕变极限和组织稳定性。焊接材料选用与母材化学成分相当的 E5515 - B2 - V（R317）低氢型耐热钢焊条，焊前经 350 ~ 400 ℃ 烘干，保温 2 h，然后 150 ℃ 保温待用。

管对接 45° 固定焊，焊接过程有仰位、仰爬坡位、立爬坡位、平位的位置变化，并且熔池与焊缝处处倾斜 45°，熔滴、熔池受力处处变化，熔滴过渡情况处处变化。为使各处电弧利于熔滴过渡，焊接时焊条工作角、前进角要随管周向不断变化，焊接难度极大。由于管壁较厚，特别是作为焊接起始部位的仰焊位置，试件温度较低，电弧不易击穿根部，操作不当会产生未焊透；而在立位有可能造成正反面焊缝产生焊瘤，在平位焊缝易凹陷，甚至烧穿，背面产生焊瘤。应使用较合适的电流，既保证焊透，又不致使熔池温度升高，产生烧穿或焊瘤。焊接过程中，应始终将熔池处于水平位置，避免因熔池倾斜，铁液向低端流淌，从而造成焊缝一端厚一端薄。

为此，焊接时，采用较小的焊条直径和较小的焊接电流，采用短弧焊，选择合理的焊条角度，以利于熔滴过渡。本任务确定采用三层三道完成焊接，控制层间温度 150 ℃ 左右。

3.3 任务实施

（一）完成焊前准备工作

劳保用品、焊接设备及工辅量具、焊接材料、焊接试件准备见任务一。

（二）填写焊接工艺卡

见项目二的任务一。

本任务焊接参数见表 2 - 3 - 2。

表 2 - 3 - 2 焊接参数表

层次		焊条型号	焊条直径/mm	焊接电流/A	运条方法	极性
	固定焊	E5515 - B2 - V/ R317	3.2	90 ~ 100		直流反接
	打底层		3.2	115 ~ 120	断弧焊	
	填充层		2.5	70 ~ 80	连弧焊	
			3.2	90 ~ 95		
	盖面层		2.5	70	锯齿或月牙	
			3.2	95		

（三）操作过程

1. 打底焊

①根据个人情况，一般试件高度控制在 700 ~ 800 mm。仰位 6 点位置、平位 12 点位置不允许有固定点；采用 E5515 - B2 - V（R317）$\phi 3.2$ mm 焊条，分左、右两半圈由下至上焊接。

②焊条对准焊缝 6 点到 7 点某位置坡口上侧，焊条工作角为 70°～80°，前进角为 80°～85°，电弧指向上侧坡口。先焊右半圈，逆时针从 6 点到 12 点方向。前进角随焊缝位置改变而相应变化，如图 2－3－1 所示。

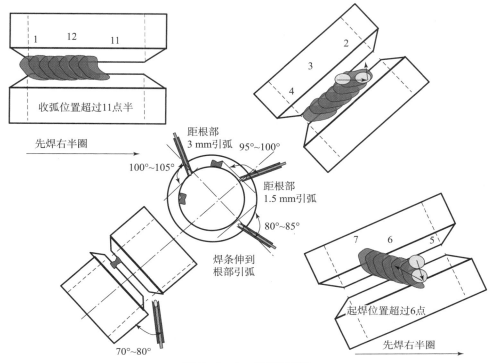

图 2－3－1 打底焊方法

③在 6 点半位置坡口上侧引燃电弧，稍微停顿，向坡口右下侧运弧，待下侧坡口熔化，翻动手腕立即向左侧拉断电弧；随即手腕回收，将焊条端部准确回到熔孔边缘，观察熔池冷却情况，待熔池即将变暗，在熔孔处重新引燃电弧，听到击穿声后，快速横向摆动，向左上侧拉断电弧；如此反复，形成打底焊缝。到 11 点半位置收弧，完成右半圈焊缝。焊条前进角由下至上不断变化，燃弧位置由深到浅，焊道厚度约 4～5 mm，如图 2－3－1 所示。

④清理右半圈起头/收尾渣壳、飞溅物，并打磨（或扁铲、锯条）出斜坡。

⑤左半圈焊接时，在右半圈焊道 6 点半位置形成的三角区下坡口引弧，形成熔池后向左拉断电弧，并逐弧扩大熔池，填满三角区。然后与右半圈焊接方法相同；封口时，应越过 11 点半，覆盖右半圈 10 mm 左右，逐渐缩小熔池，如图 2－3－2 所示。

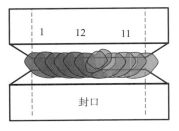
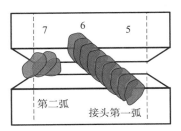

图 2－3－2 接头与封口

45°管对接固定焊，最容易出现的问题是，6 点位置内凹或焊不透，12 点位置塌陷，产生焊瘤透；其根本原因是不同位置焊缝（或熔池）的温度高低问题，以及不同位置电弧力作用不同。

6 点仰位置起焊时，试件温度较低，不易打开熔孔，这时，电弧燃烧时间应稍微长点；该点不利于熔滴过渡，应该电弧越短越好，所以，焊条一定要有向上推顶的动作，始终保持短弧，严禁长弧施焊。12 点平位置收弧时，试件温度已近升高，并且有利于熔滴过渡，这时电弧燃烧时间不易太长，电弧不易压得太低。断弧焊打底灭弧时，要发挥手腕的作用，灭弧一定要干脆利落，灭弧彻底。下半圈向后灭弧，上半圈向前灭弧。

2. 填充焊

①清理打底焊道熔渣，去除高点及焊留。控制层间温度 150 ℃左右。

②先焊左半圈，可错开打底焊与填充接头位置。

③调整焊接规范，焊条工作角为 70°~80°，前进角为 80°~85°，电弧偏向上侧坡口，在 5 点半位置坡口上侧引燃电弧，稍微停顿，待形成熔池斜锯齿后，向左侧斜拉运弧。锯齿运弧中，注意上下坡口两侧稍做停顿，以保证坡口两侧良好熔合。前进角随焊缝位置改变而相应变化，如图 2 - 3 - 3 所示。

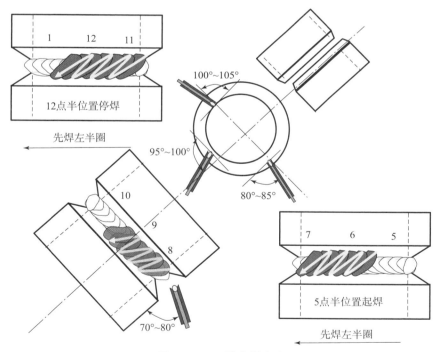

图 2 - 3 - 3　填充焊方法

④清理左半圈渣壳、飞溅，最好在起头、收尾处磨出斜坡，方法与左半圈基本相同。填充厚度 4~5 mm，距坡口棱边约 1 mm。

师傅点拨

为使焊道平整，下半圈斜锯齿运弧时略带有凸月牙的趋势，可避免焊缝中心凸起、两侧沟槽太深的现象；焊至3点以上部分，斜拉运弧时带有凹月牙的趋势，可克服焊肉高度不足现象，但必须在坡口两侧停顿，并且在高坡口处停顿时间比低坡口处稍长，由高处向低处运条稍慢，由低处向高处运条稍快，如图2-3-4所示。

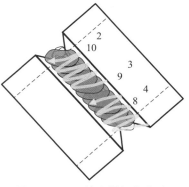

图2-3-4 填充焊运条方法

3. 盖面焊

彻底清理填充层渣壳、飞溅物。控制层间温度在150℃左右。

盖面焊焊条角度、焊接方法与填充层的基本相同。

先焊右半圈，与填充层接头错开，由于坡口宽度增加，运弧斜度也增大。盖面厚度约3 mm，余高为1~2 mm。

左半圈上下接头，与填充层相似，斜度增大，如图2-3-5所示。

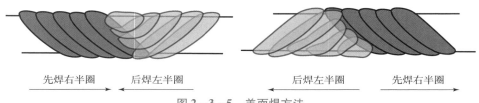

先焊右半圈　　后焊左半圈　　　　后焊左半圈　　先焊右半圈

图2-3-5 盖面焊方法

（四）完成焊后工作

见项目一任务一。

师傅点拨

一弧两用，穿孔成形

单面焊双面成形时，初学者或技能不熟练者往往担心有装配间隙，从而会导致焊穿或在背面形成焊瘤，所以操作起来胆小，往往导致背面无法成形，造成未焊透等缺陷。

①横焊时，由于熔滴和熔渣在重力作用下往下淌，容易使焊缝上侧产生咬边、下侧金属下坠，产生焊瘤、未焊透等缺陷。

②仰焊时，由于重力作用，熔池倒挂在焊件下面，极易在焊缝正面产生焊瘤、背面出现凹陷（塌腰），使焊缝成形困难。

（1）一弧两用

为了实现一面焊两面成形，焊接电弧必须正、背两面使用，一般2/3在正面燃烧，1/3在背面燃烧。

（2）穿孔成形

即只有电弧击穿钝边形成熔孔，方能在背面成形。

（3）横焊灭弧勾

即横焊时焊条在坡口根部上侧引弧，熔化上钝边后斜拉至坡口根部下侧，待下钝边熔化形成完整熔池后回勾灭弧，此运条过程即为回勾。如此反复，直至完成整条焊缝的焊接。

（4）仰焊向上顶

即仰焊引弧后，迅速给焊条一个向上的顶力，压低电弧熔化钝边，既保证坡口填满铁水以防背面塌腰，又要防止正面铁水下淌形成焊瘤。

3.4　任务检查

（一）外观检查

外观评分表见表2－3－3。

表2－3－3　管对接45°固定焊6G（ϕ133 mm×10 mm）

检查项目	评判标准及得分	评判等级				测评数据	实得分数
		I	II	III	IV		
焊缝余高	尺寸标准/mm	0～1	1～2	2～3	<0，>3		
	得分标准	4	3	2	0		
焊缝高度差	尺寸标准/mm	≤1	1～2	2～3	>3		
	得分标准	6	4	2	0		
焊缝宽度	尺寸标准/mm	17～18	≥18，≤19	≥19，≤20	<17，>20		
	得分标准	4	2	1	0		
焊缝宽度差	尺寸标准/mm	≤1.5	1.5～2	2～3	>3		
	得分标准	6	4	2	0		
咬边	尺寸标准/mm	无咬边	深度≤0.5每1 mm扣1分		深度>0.50分		
	得分标准	10					
正面成形	标准	优	良	中	差		
	得分标准	6	4	2	0		
背面成形	标准	优	良	中	差		
	得分标准	4	2	1	0		
背面凹	尺寸标准/mm	0	0～1	1～2	>2		
	得分标准	3	2	1	0		
背面凸	尺寸标准/mm	0.5～1	1～2	2～3	>3		
	得分标准	3	2	1	0		
角变形	尺寸标准/mm	0	0～1	1～2	>2		
	得分标准	4	3	1	0		

检查项目	评判标准及得分	评判等级				测评数据	实得分数
		I	II	III	IV		
外观缺陷记录							

焊缝外观（正、背）成形评判标准			
优	良	中	差
成形美观，焊缝均匀、细密，高低宽窄一致	成形较好，焊缝均匀、平整	成形尚可，焊缝平直	焊缝弯曲，高低宽窄明显

注：试件焊接未完成，或表面修补及焊缝正反两面有裂纹、夹渣、气孔、未熔合缺陷，则该件做 0 分处理。

（二）无损检测

见本项目任务一。

3.5 知识链接

（一）焊接温度场

焊件上（包括内部）某瞬时的温度分布，称为焊接温度场（Welding Temperature Field），通常用等温线或等温面来表示。焊接温度场如图 2 - 3 - 6 所示。焊接温度场主要受热源性质、焊接参数、被焊材料的导热能力、焊接接头形式以及被焊工件的几何形状影响。焊接速度对焊接温度场的影响如图 2 - 3 - 7 所示。其中，热源性质不同，其加热温度与加热面积不同，温度场分布也就不同。热源越集中，加热面积越小，等温线分布越密集。等离子焊时，热量集中，加热范围仅为几毫米的区域。

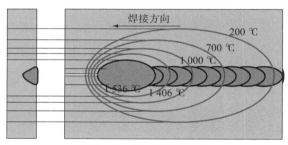

图 2 - 3 - 6　焊接温度场

焊接温度场的分布，决定了焊接的热循环，在材料成分一定的情况下，决定了焊接微观组织也在变化，决定了焊缝及其热影响区的宏观性能，因此，焊接温度场能够比较全面和深入地反映焊接质量，它对实现焊接微观质量控制具有重要的意义。

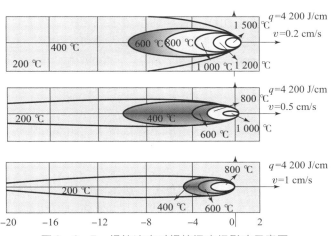

图 2 - 3 - 7 　焊接速度对焊接温度场影响示意图

（二）焊接热循环

1. 定义及主要参数

在焊接热源的作用下，焊件上某点的温度随时间变化的过程称为焊接热循环（Welding Thermal Cycle）。它描述了焊接热源对被焊金属的热作用过程。焊接热循环主要参数如图 2 - 3 - 8 所示。

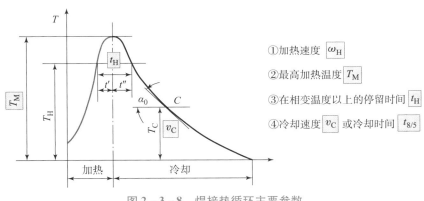

①加热速度　ω_H

②最高加热温度　T_M

③在相变温度以上的停留时间　t_H

④冷却速度　v_C　或冷却时间　$t_{8/5}$

图 2 - 3 - 8 　焊接热循环主要参数

（1）加热速度 ω_H

焊接热源的集中程度较高，引起焊接时的加热速度增加，较快的加热速度将使相变过程进行得不充分，从而影响接头的组织和力学性能。

（2）最高加热温度 T_M

最高加热温度 T_M 也称为峰值温度。距焊缝远近不同的点，加热的最高温度不同。焊接过程中的高温使焊缝附近的金属发生晶粒长大和重结晶，从而改变母材的组织与性能。

（3）在相变温度以上的停留时间 t_H

在相变温度 T_H 以上停留时间越长，越有利于奥氏体的均匀化过程，增加奥氏体的稳定性，但同时易使晶粒长大，引起接头脆化现象，从而降低接头的质量。

（4）冷却速度 ω_C（或冷却时间 $t_{8/5}$）

冷却速度是决定焊接热影响区组织和性能的重要参数之一。对低合金钢来说，熔合线附近冷却到540 ℃左右的瞬时冷却速度是最重要的参数。也可采用某一温度范围内的冷却时间来表征冷却快慢，如800 ℃到500 ℃的冷却时间 $t_{8/5}$，800 ℃到300 ℃的冷却时间 $t_{8/3}$，以及从峰值温度冷至100 ℃的冷却时间 t_{100}。

2. 影响因素

焊接热循环是一个不均匀的过程，这造成了焊接接头的组织和性能的不均匀性。焊接热循环的影响因素如下：

（1）焊接热输入

热输入增大，相变温度以上停留的时间加长，热影响区增大，容易使组织过热，晶粒长大。但热输入增大，会使冷却速度降低，这对防止出现淬硬组织是有利的。一般情况下，焊接电流越大，加热速度越快，到达最高温度所用时间越短，在相变温度以上停留的时间相对较长，热影响区的范围越宽；焊接电弧电压越低，在相变以上停留的时间相对较短，热影响区的范围要窄；焊接速度越慢，在相变温度以上停留的时间越长，晶粒长大的可能性增加，热影响区的范围也越宽。冷却速度与组织转变如图2-3-9所示。

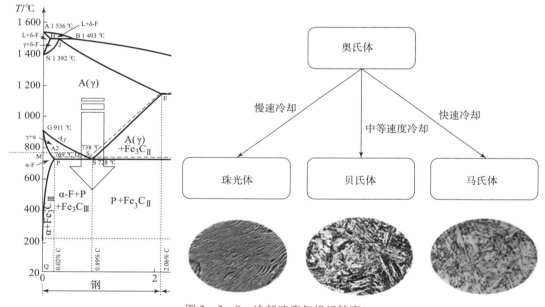

图2-3-9　冷却速度与组织转变

（2）预热温度和层间温度

预热的目的是降低接头的冷却速度，减少淬硬倾向，防止产生冷裂纹。控制层间温度过高是为了防止产生过热组织；控制层间温度过低是为了减少淬硬倾向，防止产生冷裂纹。

（3）其他因素

包括焊接方法、板厚、接头形式、焊道焊层数、焊道长度、焊后保温等措施。

焊接方法、板厚、接头形式、焊道焊层数、焊道长度、焊后保温等影响焊接热循环的因素可使热影响区（HAZ）发生硬化、脆化、韧化、软化。焊接热影响区的硬度主要取决于被焊钢种的化学成分和冷却条件，其实质是反映不同金相组织的性能。由于硬度试验比较方便，因此，常用热影响区（一般在熔合区）的最高硬度来判断热影响区的性能，它可以间接预测热影响区的韧性、脆性和抗裂性等。焊接热影响区的脆化常常是引起焊接接头开裂和脆性破坏的主要原因。对于焊前经冷作硬化或热处理强化的金属或合金，在焊接热影响区一般均会产生不同程度的失强现象，最典型的是经过调制处理的高强钢和具有沉淀强化及弥散强化的合金，焊后在热影响区产生的软化或失强。

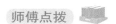

低合金耐热钢焊接工艺要点

①严格控制预热温度。焊接过程中，始终保持焊件温度不低于预热温度（包括多层焊时层间温度）。

②严格控制焊接热量。主要通过控制线能量来实现焊接热量的控制，同时，通过焊道焊层数、焊道长度、焊后保温等措施来控制。如果焊件厚度较大，采用短道焊缝焊接，目的是使焊缝在短时间内重新加热，以达到缓冷效果，从而避免冷裂纹的产生。

③保持焊缝在自由状态下焊接，即收缩量大的焊缝先焊，收缩量小的焊缝后焊。

④注意控制氢的来源。要注意清除焊接区域的油污、铁锈、氧化皮及水分等。焊条要严格烘干。

⑤严格执行焊后缓冷与焊后热处理的工艺要求。

3.6 任务拓展

低合金耐热钢（12Cr1MoV）小径管对接 45°固定焊

任务要点：对于规格为 $\phi60$ mm ×4 mm 的小径管，由于焊接时焊条角度变化较大，同时，打底层不能太厚，宜采用灭弧焊法进行焊接。焊接型号为 E5015，直径为 2.5 mm，焊接电流以 60 ~ 80 A 为宜，采用左、右各半圈焊接。盖面焊时，为成形美观，一般采用连弧焊接。

习题

一、选择题

1. 以下（　　）方法的等温线分布最密集。

A. 气焊
B. 焊条电弧焊
C. 熔化极气体保护焊
D. 等离子弧焊

2. 对于低合金耐热钢的焊接特点，以下（　　）说法是错误的。

A. 焊缝金属和热影响区易出现冷裂纹
B. 焊缝金属和热影响区易出现热裂纹
C. 焊后热处理时出现的再热裂纹
D. 焊缝金属和热影响区韧性下降

3. 低合金耐热钢主要加入了（　　）元素。

A. Cr、Mo、W、V
B. Cr、Mn、W、V
C. Cr、Ni、W、V
D. Cr、Cu、W、V

4. 低合金耐热钢在（　　）范围内最容易出现回火脆性。

A. 50～100 ℃   B. 150～200 ℃   C. 200～350 ℃   D. 350～500 ℃

5. 低合金耐热钢在快速冷却的条件下，得到（　　　）组织。

A. 铁素体   B. 珠光体   C. 马氏体   D. 贝氏体

二、判断题

1. 焊接热输入对焊缝的韧性、热影响区的脆化、裂纹的产生都有重要影响。（　　　）

2. 低合金耐热钢长时间在高温下使用时，合金元素和碳化物的形态都会发生变化，即出现焊接接头的回火脆性。（　　　）

3. 低合金耐热钢焊接过程长时间中断时，后续可直接施焊。（　　　）

4. 低合金耐热钢焊件厚度较大时，采用短焊道焊接比长焊道焊接效果好。（　　　）

5. 最高硬度可以准确预测热影响区的韧性、脆性和抗裂性等。（　　　）

三、简答题

1. 简述焊接温度场及其影响因素。

2. 简述焊接热循环及其主要参数的含义。

3. 简述焊接热循环对焊接质量的影响。

任务四　低合金耐热钢管板骑坐式仰位固定焊

1. 知识目标

- 掌握低合金耐热钢管板骑坐式仰位固定焊焊接工艺特点。
- 掌握焊条电弧焊低合金耐热钢管板骑坐式仰位固定焊操作方法。

2. 技能目标

- 具有低合金耐热钢管板骑坐式仰位固定焊的焊前准备能力。
- 具有低合金耐热钢管板骑坐式仰位固定焊的焊接工艺编制能力。
- 具有低合金耐热钢管板骑坐式仰位固定焊的操作能力。

3. 素质目标

- 培养学生爱岗敬业、一丝不苟、知行合一的工匠精神。
- 培养学生分析问题、解决问题的工程能力和追求卓越的工匠精神。

4.1　项目描述

按照表 2 - 4 - 1 的要求，完成工件实作任务。

表 2 - 4 - 1　管板骑坐式仰位固定焊任务表

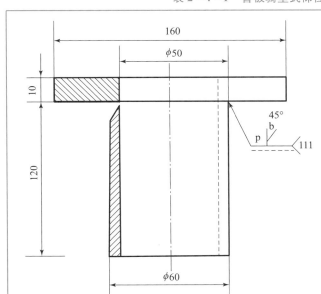

具体要求： 1. 会编制低合金耐热管板骑坐式仰位固定焊的装焊方案，并实施。 2. 能对低合金耐热钢管管板骑坐式仰位固定焊进行工艺分析。 3. 能编制低合金耐热管板骑坐式仰位固定焊工艺卡。 4. 能焊出符合技术要求的焊缝。	
焊接方法	焊条电弧焊
焊接设备	直流焊条电弧焊机 ZX7 - 400
焊件材质	低合金耐热钢 12Cr1MoV
焊条型号	E5515 - B2 - V（R317）
焊条规格	ϕ3.2 mm、ϕ4.0 mm

4.2　项目分析

根据题目和图样可知，本试件为耐热钢管对接 45° 固定焊，焊缝处于 6G 位置。

试件为耐热钢最常见牌号 12Cr1MoV 钢，其管外径为 133 mm，管壁厚度为 10 mm，焊缝

坡口角度为 $60°$，根据碳当量估算，Ceq = C + Mn/6 +（Cr + Mo + V）/5 +（Cu + Ni）/15 = $0.63 > 0.6$，冷裂纹倾向敏感，焊前需要采取 $120\ ℃$ 预热措施，焊后采取 $980 \sim 1\,020\ ℃$ 正火 + $720 \sim 760\ ℃$ 回火工艺措施，以消除焊接残余应力，改善金属焊缝组织，降低焊缝及热影响区的硬度，提高接头的高温蠕变极限和组织稳定性。焊接材料选用与母材化学成分相当的 E5515 – B2 – V（R317）低氢型耐热钢焊条，焊前经 $350 \sim 400\ ℃$ 烘干，保温 $2\ h$，然后 $150\ ℃$ 保温待用。

管板骑坐式仰位固定焊，焊缝处于空间仰位，熔滴张力、熔池张力、电弧吹力有利于熔滴过渡，熔滴重力阻碍熔滴过渡。为克服熔滴重力影响，焊接中必须采用短弧焊接。因受坡口大小、孔板厚度和管壁厚度相差较大的影响，为使电弧利于熔滴过渡，坡口两侧受热均匀，电弧应尽量指向孔板侧，使孔板获得较多热量，利于击穿。焊接时保证焊条工作角度，随管周向不断变化前进角度，焊接难度极大。由于孔板较厚，并且焊缝处于仰焊位置，电弧不易击穿孔板根部，会产生内凹，甚至未焊透；同时，由于管壁较薄，若操作不当，容易烧穿，造成焊瘤。所以，既要保证焊透孔板，又不烧穿管壁，选用合理的电流和合适的焊条角度至关重要。

焊接时，采用较小的焊条直径和较大的焊接电流，采用短弧焊，选择合理的焊条角度，以利于熔滴过渡，确定采用三层四道完成焊接，控制层间温度 $150\ ℃$ 左右。

4.3 任务实施

（一）完成焊前准备工作

劳保用品、焊接设备及工辅量具、焊接材料、焊接试件准备见项目一任务一。

（二）填写焊接工艺卡

见项目一任务一。

本任务焊接参数见表 2 – 4 – 2。

表 2 – 4 – 2   焊接参数表

层次		焊条型号	焊条直径/mm	焊接电流/A	运条方法	极性
	固定焊	E5515 – B2 – V/ R317	2.5	75 ~ 85		直流反接
	打底层		2.5	75 ~ 85	断弧焊	
	填充层		2.5	80 ~ 95	锯齿或圆圈	
			3.2	90 ~ 100	圆圈或往复	
	盖面层		2.5	80 ~ 90		

本任务装配参数见表 2 – 4 – 3。

表 2 – 4 – 3　装配与定位焊

装配图示	项目参数	
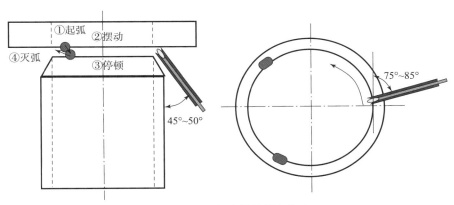	坡口角度	50°
	钝边	0.5 ~ 1.5
	装配间隙	2.5 ~ 3.2
	错边量	< 0.5
	反变形	—
	定位焊长度	10 ~ 15
	定位焊厚度	6 ~ 7 并打磨斜坡
	点数	2

（三）操作过程

1. 打底焊

必须保证焊根熔合好，背面焊道成形美观。

①在较小间隙处，焊条指向孔板进行引弧，焊条工作角为 45° ~ 50°，前进角为 75° ~ 85°，如图 2 – 4 – 1 所示。

图 2 – 4 – 1　打底焊的焊条角度

②在孔板侧引燃电弧，稍做停顿预热，击穿孔板棱边打开熔孔，形成熔池，向右下方管侧摆动，稍微停顿，熔合管侧坡口，迅速向左侧拉断电弧。转动手腕，焊条端部回到熔孔处，待熔池变暗，在熔孔处迅速引燃电弧，重复上述动作，如图 2 – 4 – 1 所示。

③收弧和接头，焊条即将烧完剩下 50 mm 左右时，需要做收弧处理，压低电弧打开熔孔，回焊 5 ~ 10 mm 熄灭电弧，迅速更换焊条，在熄弧处引燃电弧，到熔孔处稍做停顿，向右下方管侧摆动电弧，转为正常焊接（与起焊时相同），如图 2 – 4 – 2 所示。

④焊最后一段封闭焊缝前，最好将已焊好的焊缝两端磨成斜坡，以便接头。

注意：焊接时，电弧尽可能短，电弧在两侧稍停留，必须看到坡口根部熔合在一起后才能继续往前焊。

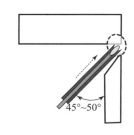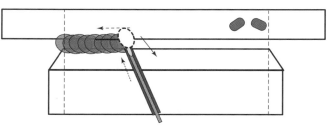

图 2 – 4 – 2　收弧和接头

2. 填充焊

①开始填充前，先清理打底焊道上的飞溅物和熔渣，并将局部凸出的焊道磨平。

②填充焊的焊条角度与打底焊的相同。

③采用锯齿或斜圆圈运弧，摆幅稍大些，摆动到孔板侧时必须停顿，以保证焊道上、下两侧熔合良好，表面整齐。

④对于接头方式，冷接、热接均可。

填充焊的运条方式如图 2 – 4 – 3 所示。

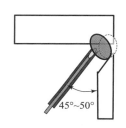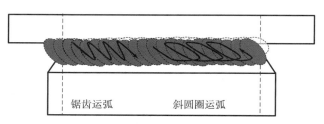

锯齿运弧　　　　斜圆圈运弧

图 2 – 4 – 3　填充焊的运条方式

3. 盖面焊

①清理填充焊道上的熔渣和飞溅，并将局部凸出的焊道磨平，控制层间温度为 150 ℃左右。

②盖面层有两条焊道，先焊下面的焊道，后焊上面的焊道。焊下焊道时，焊条工作角为 45°~50°，前进角为 75°~85°；焊上焊道时，焊条工作角为 30°~35°，前进角为 75°~85°。

③采用斜锯齿或斜圆圈运弧，下焊道熔池覆盖填充层焊道 2/3，下焊趾熔合坡口棱边 1 mm，上焊道覆盖下焊道 1/2，上焊趾距管外皮 10 mm。上、下焊脚 10 mm，焊趾无沟槽，平整光滑。

④接头采用前运弧回焊接头（热接法）法。

盖面焊时的焊条角度如图 2 – 4 – 4 所示。

4. 焊后热处理

热处理是为了降低焊接接头的残余应力，改善焊缝金属的组织与性能。12Cr1MoV 耐热钢热处理采用高温正火 + 回火处理。

（四）完成焊后工作

见项目一任务一。

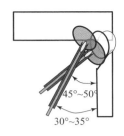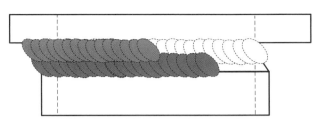

图 2 - 4 - 4　盖面时的焊条角度

4.4　任务检查

（一）外观检验

外观检验评分标准见表 2 - 4 - 4。

表 2 - 4 - 4　骑坐式管板焊缝外观检验评分标准（ϕ60 mm × 5 mm）

学号			评分人			合计分	实际得分
检查项目		标准、分数	焊缝等级				
			I	II	III	IV	
正面	管侧焊脚尺寸	标准/mm	≥9, ≤10	>10, ≤11	>11, ≤12	>12, <9	
		分数	4	3	1	0	
	管侧焊脚差	标准/mm	≤1	>1, ≤1.5	>1.5, ≤2	>2	
		分数	4	3	2	0	
	板侧焊脚尺寸	标准/mm	≥6, ≤7	>7, ≤8	>8, ≤9	>9, <6	
		分数	4	3	1	0	
	板侧焊脚差	标准/mm	≤1	>1, ≤1.5	>1.5, ≤2	>2	
		分数	4	3	2	0	
	焊缝凸度	标准/mm	≥0, ≤1	>1, ≤2	>2, ≤3	>3	
		分数	10	8	6	0	
	垂直度	标准/mm	≤1	≤2	≤3	>3	
		分数	4	3	2	0	
	表面气孔	标准/个	无	有	有	有	
		分数	5	0	0	0	
	咬边	标准/mm	0	深度≤0.5 且长度≤15	深度≤0.5 长度>15, ≤30	深度>0.5 或长度>30	
		分数	15	10	5	0	

学号		评分人			合计分		
检查项目	标准、分数	焊缝等级					实际得分
		I	II	III	IV		

	检查项目	标准、分数	I	II	III	IV	实际得分
反面	焊缝高度	0~3 mm　5分		>3 mm 或 <0　0分			
	咬边	无咬边　5分		有咬边　0分			
	气孔	无气孔　5分		有气孔　0分			
	未焊透	无未焊透　10分　有未焊透　0分					
	凹陷	无内凹　10分	深度≤0.5 mm，每4 mm 长扣1分（最多扣10分）；深度 >0.5 mm，0分				
	焊瘤	无焊瘤，10分；有焊瘤，0分					
	焊缝外表成形	标准	优	良	一般	差	
			成形美观，鱼鳞均匀细密，高低宽窄一致	成形较好，鱼鳞均匀，焊缝平整	成形尚可，焊缝平直	焊缝弯曲，高低宽窄明显，有表面缺陷	
			5	3	2	0	

（二）无损检测

见本项目任务一。

4.5　知识链接

（一）管板接头形式与焊接位置

管板角接可分为插入式管板和骑坐式管板两类，如图 2 – 4 – 5 所示。根据空间位置不同，每类管板又可分为垂直固定俯焊、垂直固定仰焊和水平固定全位置焊三种，如图 2 – 4 – 6 所示。

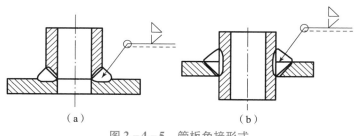

（a）　　　　　　　　　　　（b）

图 2 – 4 – 5　管板角接形式

（a）骑坐式；（b）插入式

（二）低合金耐热钢的焊接工艺要点

①为防止产生再热裂纹，应选用高温塑性优于母材的焊接材料，适当提高预热温度和层间温度；采用低热输入焊接方法和工艺，以缩小焊接接头过热区的宽度，限制晶粒长大；选

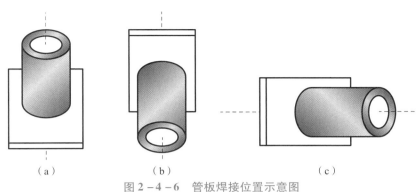

图 2 - 4 - 6　管板焊接位置示意图

（a）垂直固定俯焊；（b）垂直固定仰焊；（c）水平固定全位置焊

择合理的热处理参数，尽量缩短在敏感温度区间内的保温时间；合理设计接头形式，降低接头拘束度。

②为降低 Cr - Mo 钢焊缝金属的回火脆性倾向，最有效的措施是选用的焊接材料应尽量降低焊缝金属中的 O、S、P 及 Sb、Sn、As 等杂质元素含量。

③为确保焊缝金属的韧性、降低裂纹倾向，此类钢的焊条电弧焊大都采用低氢型碱性焊条。

④热切割加工的坡口边缘应进行磁粉检测或机械加工，厚度大于 15 mm 的钢板在用火焰切割前，应进行 100 ℃以上的预热。

⑤预热和保持层间温度、后热、消氢处理及焊后去应力热处理等措施都是防止低合金耐热钢产生冷裂纹和再热裂纹的有效措施。

（三）热强钢焊接时的再热裂纹

1. 定义

对于某些含有沉淀强化元素的高强钢和高温合金（包括低合金高强钢、珠光体耐热钢、沉淀强化的高温合金，以及某些奥氏体不锈钢，钢中含 Cr、Mo、V、Nb、Ti 等元素会促使形成再热裂纹），在焊后并未发出裂纹，而在热处理过程中出现了裂纹，这种裂纹称为再热裂纹。

2. 主要特征

①都是发生在焊接热影响区的粗晶部位并呈晶间开裂。

②进行消除应力处理之前，焊接区存在较大的残余应力并有不同程度的应力集中。

③产生再热裂纹存在一个最敏感的温度区间，这个区间与再热温度及再热时间有关，并随材料的不同而变化。

④含有一定沉淀强化元素的金属材料才具有产生再热裂纹的敏感性，碳素钢和固溶强化的金属材料一般都不产生再热裂纹。

3. 再热裂纹的影响因素及其防治措施

影响再热裂纹的主要因素是钢种的化学成分（直接影响粗晶区的塑性）和焊接区的残余应力（特别是应力集中部位）。

（1）冶金因素

①化学成分对再热裂纹的影响随钢种的不同而有所差异，可根据再热裂纹敏感性判据式进行评价。

②钢的晶粒度对再热裂纹影响是明显的，晶粒度越大，越容易产生再热裂纹。

③焊接接头不同部位和缺口效应对再热裂纹的影响也有不同。

（2）焊接工艺因素

①焊接方法的影响。

大的焊接线能量会使过热区的晶粒粗大，对于晶粒长大敏感的钢种，埋弧焊时再热裂纹的敏感性比手工电弧焊时的大。但对于淬硬倾向较大的钢种，手弧焊反而比埋弧焊时的再热裂纹倾向大。

②预热及后热的影响。

防止再热裂纹，必须采用更高的预热温度或配合后热才能有效。

③选用低匹配的焊接材料。

④降低残余应力和避免应力集中。

由于再热裂纹不是在焊接过程产生的，而是在热处理或运行时产生的，使再热裂纹有一定的隐蔽性，从而使由再热裂纹所引发的事故具有不可预见性，进而会造成更大的损失。所以必须在压力容器的前期设计、制造、检测等各环节预先考虑到再热裂纹出现的可能，从而选择合理的方案来避免再热裂纹的产生。

4.6 任务拓展

小管径低合金耐热钢管板插入式水平固定焊

任务要点：管板插入式水平固定焊，焊接过程包括横焊、立焊、仰角焊、立角焊、平角焊，导致焊接过程中熔滴、熔池受力处处变化，熔滴过渡情况处处变化。为使各处电弧利于熔滴过渡，在保证焊透的前提下，尽量选择小的焊接规范。焊接时，焊条工作角、前进角要随管周向不断变化，焊接过程灵活变换焊条角度成为本项目操作的关键；若焊接参数选择不当，或焊条角度变化掌握不熟练，背面会产生凹陷、焊留、烧穿等缺陷，焊缝正面也会产生未熔合、咬边等缺陷，以及焊缝成形不良，甚至产生焊瘤。所以，本项目的难点是焊接参数的选择、焊条角度的灵活变化，焊接难度极大。

习题

一、选择题

1. E5515 – B2 – V 低氢型耐热钢焊条，焊前经（　　　）℃烘干。

A. 80 ~ 150　　　　B. 100 ~ 200　　　　C. 200 ~ 300　　　　D. 350 ~ 400

2. 管板骑坐式仰位固定焊，焊缝处于空间仰位，（　　　）阻碍熔滴过渡。

A. 熔滴张力　　　B. 熔池张力　　　C. 熔滴重力　　　D. 电弧吹力

3. 低合金耐热钢的再热裂纹大都产生于（　　　）。

A. 焊缝　　　　　B. 热影响区　　　　C. 母材　　　　　D. 无规律

4. 影响低合金耐热钢再热裂纹的最主要因素是（　　　）。

A. 钢种的化学成分　　　　　　　　　B. 焊条种类

C. 焊接方法　　　　　　　　　　　　D. 焊工水平

5. 图中管板焊接位置的代号为（   ）。

A. 3F　　　　　　　　B. 4F　　　　　　　C. 5F　　　　　　　D. 6F

二、判断题

1. 再热裂纹不是在焊接过程中产生的，而是在热处理或运行时产生的。（　　）
2. 对于一些晶粒长大敏感的钢种，采用大的线能量产生再热裂纹的倾向小。（　　）
3. 对于淬硬倾向较大的钢种，采用大的线能量产生再热裂纹的倾向小。（　　）
4. 任何厚度的 Cr – Mo 钢焊接前，都可直接采用火焰切割。（　　）

三、简答题

1. 简述低合金耐热钢的焊接工艺要点。
2. 简述低合金耐热钢管板骑坐式仰位固定焊的工艺特点。
3. 简述低合金耐热钢管板骑坐式仰位固定焊的操作方法与要点。

项目三　不锈钢焊条电弧焊技能

任务一　奥氏体不锈钢板 T 形接头平角焊

学习目标

1. 知识目标

- 掌握奥氏体不锈钢的分类、性能、腐蚀种类。
- 掌握奥氏体不锈钢焊条的选用方法。
- 掌握奥氏体不锈钢的焊接特点。
- 掌握焊条电弧焊奥氏体不锈钢板 T 形接头平角焊工艺要点与操作方法。

2. 技能目标

- 具有奥氏体不锈钢板 T 形接头平角焊的焊前准备能力。
- 具有奥氏体不锈钢板 T 形接头平角焊的焊接工艺编制能力。
- 具有奥氏体不锈钢板 T 形接头平角焊的操作能力。

3. 素质目标

- 培养学生分析问题、解决问题的能力。
- 培养学生细致认真、一丝不苟、精益求精的工程素养。

1.1　项目任务

按照表 3 – 1 – 1 的要求，完成工件实作任务。

表 3 – 1 – 1　奥氏体不锈钢板 T 形接头平角焊任务表

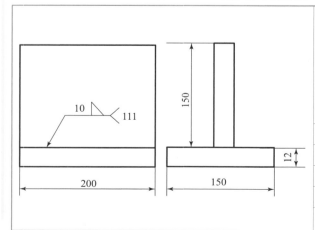

具体要求：

1. 会进行奥氏体不锈钢 T 形接头正确装配。

2. 能进行奥氏体不锈钢 T 形接头平角焊工艺分析。

3. 能正确编制奥氏体不锈钢 T 形接头平角焊的焊接工艺规程。

4. 能焊出符合技术要求的平角焊缝。

焊接方法	焊条电弧焊
焊接设备	交直流焊条电弧焊机
焊件材质	06Cr19Ni10
焊条型号	E308 – 16
焊条规格	ϕ3.2 mm、ϕ4.0 mm

06Cr19Ni10 属于奥氏体不锈钢，其组织为奥氏体（A）加 3%～5% 铁素体（F）。奥氏体不锈钢有以下焊接特点：

（1）易产生焊接热裂纹

奥氏体不锈钢由于其热传导率小，线膨胀系数大，因此，在焊接过程中，焊接接头部位的高温停留时间较长时，焊缝易形成粗大的柱状晶组织，在凝固结晶过程中，若硫、磷、锡、锑、铌等杂质元素含量较高，就会在晶间形成低熔点共晶物，在焊接接头承受较高的拉应力时，就易在焊缝中形成凝固裂纹，在热影响区形成液化裂纹，这都属于焊接热裂纹。防止热裂纹的主要措施如下：

①严格控制焊缝金属成分，减少有害杂质 S、P 的含量，适当增加 Mn、C、N 的含量，加入少量的铈、镐、钽等微量元素（可细化焊缝组织、净化晶界），可降低热裂纹敏感性。

②调整焊缝金属的组织。双相组织焊缝具有良好的抗裂性能，焊缝中的 δ 相可细化晶粒，消除单相奥氏体的方向性，减少有害杂质在晶界的偏析，且 δ 相能溶解较多的 S、P，并能降低界面能，组织晶间液膜的形成。尽量使焊缝金属呈双相组织，铁素体的含量控制在 3%～5% 以下。

③尽量降低熔池温度，以防止形成粗大的柱状晶，采用小线能量及小的焊缝成形系数（熔深与熔宽比）。焊缝成形系数对热裂纹的影响如图 3 - 1 - 1 所示。

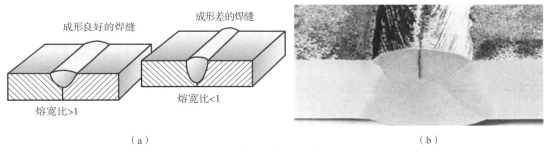

图 3 - 1 - 1 焊缝成形系数对热裂纹的影响

（a）不同焊缝成形的焊缝；（b）焊缝中的热裂纹

（2）晶间腐蚀

根据贫铬理论，焊缝和热影响区在加热到 450～850 ℃ 敏化温度区时在晶界上析出碳化铬，造成贫铬的晶界，不足以抵抗腐蚀的程度。晶间腐蚀原理如图 3 - 1 - 2 所示。

防止晶间腐蚀的主要措施如下：

①采用低碳或超低碳的焊材，如 A002 等；采用含钛、铌等稳定性元素的焊条，如 A137、A132 等。

②由焊条向焊缝熔入一定量的铁素体形成元素，使焊缝金属成为奥氏体 + 铁素体的双相组织（铁素体一般控制在 4%～12%）。

③控制在敏化温度区间的停留时间。调整焊接热循环，尽可能缩短 600～1 000 ℃ 的停留时间，可选择能量密度高的焊接方法（如等离子氩弧焊），选用较小的焊接线能量，加快冷却速度。层间温度一般不超过 150 ℃。

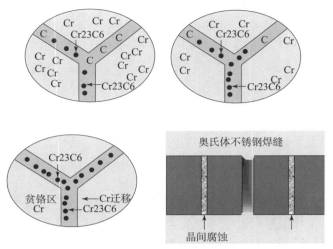

图 3-1-2 晶间腐蚀原理

④对耐晶间腐蚀性能要求很高的焊件进行焊后稳定化退火处理（稳定化退火处理是将焊件加热到 850~930 ℃，一般保温 2 h 后空冷）。

（3）应力腐蚀开裂

由于热导率低、热膨胀系数大、局部加热时温度分布不均匀、收缩量大等原因，都将使接头在焊接过程中产生较大的拉应力。同时，奥氏体不锈钢应力腐蚀很敏感。此外，腐蚀介质的存在（包含温度、腐蚀性介质等）也是影响应力腐蚀开裂的因素。

防止腐蚀开裂的主要措施如下：

①合理编制成形加工和组装工艺，尽可能减小冷作变形度，避免强制组装，防止组装过程中造成各种伤痕（各种组装伤痕及电弧灼痕都会成为 SCC 的裂源，易造成腐蚀坑）。

②正确选择材料及合理调整焊缝成分。高纯铬-镍奥氏体不锈钢、高硅铬-镍奥氏体不锈钢、铁素体-奥氏体双相钢、高铬铁素体不锈钢等具有较好的抗应力腐蚀性能，焊缝金属为奥氏体-铁素体双相钢组织时，抗应力腐蚀性良好。

③采取合适的焊接工艺，保证焊缝成形良好，不产生任何应力集中或点蚀的缺陷，如咬边等；采取合理的焊接顺序，降低焊接残余应力水平。

④消除或减小残余应力。进行焊后消除应力热处理，采用抛光、喷丸和锤击等机械方法来降低表面残余应力。

⑤生产管理措施：介质中杂质的控制，如液氨介质中的 O_2、N_2、H_2O 等，液化石油气中的 H_2S 等；防蚀处理：如涂层、衬里或阴极保护等；添加缓蚀剂。

（4）焊接接头的 σ 相脆化

焊件在经受一定时间的高温加热后，会在焊缝中析出一种脆性的 σ 相，σ 相是一种脆硬的金属间化合物，导致整个接头脆化，塑性和韧性显著下降。但奥氏体不锈钢的脆化没有铁素体不锈钢严重。σ 相脆化的防止措施如下：

①限制焊缝金属中的铁素体含量（小于 12%）；采用超合金化焊接材料，即高镍焊材。

②采用小规范，以缩短焊缝金属在高温下的停留时间。

③对已析出的 σ 相，在条件允许时进行固溶处理（将焊件均匀地加热到 1 050~1 150 ℃，

保温 1 h，使析出相重新溶入奥氏体，然后快速冷却），使 σ 相溶入奥氏体。

（5）焊接变形大

因导热率低、膨胀系数大，故焊接变形较大（在相同的焊接条件下，奥氏体不锈钢焊接变形最大），为防止焊接变形，应尽可能选用焊接能量集中的焊接方法。

1.3 任务实施

（一）完成焊前准备工作

劳保用品、焊接设备及工辅量具、焊接材料、焊接试件准备见任务一。但需注意以下两个问题：

①必须清除可能使焊缝金属增碳的各种污染，从而提高焊缝对晶间腐蚀的敏感性。

②对于焊接坡口和焊接区，焊前应用丙酮或酒精除油和去水。不得用碳钢钢丝刷清理坡口和焊缝表面。清渣和除锈应用砂轮、不锈钢钢丝刷等。

（二）填写焊接工艺卡

见项目一任务一。

本项目焊接参数见表 3 - 1 - 2。

表 3 - 1 - 2　焊接参数

层次		焊条型号	焊条直径/mm	焊接电流/A	运条方法
	固定焊	E308 - 16	3.2	100 ~ 120	
	打底焊	E308 - 16	3.2	100 ~ 110	直线
			4	120 ~ 140	直线
	盖面焊	E308 - 16	3.2	100 ~ 110	直线
			4	120 ~ 140	直线

（三）操作过程

本任务操作方法和项目一任务五低碳钢板 T 形接头平角焊基本的类似，在此不作介绍。

（四）完成焊后工作

见项目一任务一。

师傅点拨

奥氏体不锈钢 T 形接头平角焊的操作方法和技能与低碳钢 T 形接头平角焊的类似，但应注意以下问题：

①要保证焊件表面完好无损。

焊件表面损伤是产生腐蚀的根源，要避免碰撞损伤，尤其要避免在焊件表面进行引弧，以免造成局部烧伤等。

②防止接头过热。

焊接电流比焊低碳钢时小 10% ~ 20%，层间温度小于 150 ℃，短弧快速焊，直线运条，减少起弧、收弧次数，尽量避免重复加热，强制冷却焊缝（加铜垫板、喷水冷却等）。

③焊后酸洗与钝化。

不锈钢焊后，焊缝必须进行酸洗、钝化处理。酸洗的目的是去除焊缝及热影响区表面的氧化皮；钝化的目的是使酸洗的表面重新形成一层无色的致密氧化膜，起到耐蚀作用。常用的酸洗方法有两种：

酸液酸洗，分为浸洗法和刷洗法。浸洗法是将焊件在酸洗槽中浸泡 25 ~ 45 min，取出后用清水冲净，适用于较小焊件。刷洗法是用刷子或抹布反复刷洗，直到呈白亮色后用清水冲净，适用于大型焊件。

酸膏酸洗。适用于大型结构，是将配制好的酸膏敷于结构表面，停留几分钟后，再用清水冲净。

酸洗前必须进行表面清理及修补，包括修补表面损伤、彻底清除焊缝表面残渣及焊缝附近表面的飞溅物。

钝化在酸洗后进行，用钝化液在部件表面揩一遍，然后用冷水冲洗，再用抹布仔细擦洗，最后用温水冲洗干净并干燥。经钝化处理后的不锈钢制品表面呈白色，具有较好的耐蚀性。

1.4　任务检查

见项目一任务五。

1.5　知识链接

知识一：认识不锈钢

1. 不锈钢分类

不锈钢是不锈钢与耐蚀钢的总称。在空气或弱腐蚀介质中能抵抗侵蚀的钢称为不锈钢，在强腐蚀介质中能抵抗侵蚀的钢称为耐蚀钢。不锈钢的工作原理是依靠其表面形成的一层极薄而又坚固细密的稳定的富铬氧化膜（防护膜），防止氧原子继续渗入氧化，从而获得抗锈蚀能力；同时，铬提高了钢基体的电极电位，Cr、Ni、Mn、N 等还会阻止形成微电池，从而提高了耐腐蚀性。不锈钢工作原理如图 3 – 1 – 3 所示。根据国家标准 GB/T 20878—2007《不锈钢和耐热钢牌号及化学成分》，不锈钢按组织分为铁素体（F）不锈钢、马氏体（M）不锈钢、奥氏体（A）不锈钢、奥氏体－铁素体（A–F）型双相不锈钢、沉淀硬化（PH）型不锈钢。

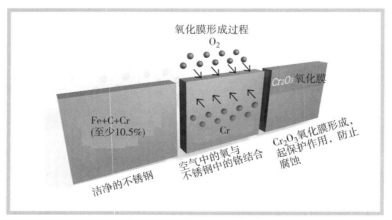

图 3 – 1 – 3　不锈钢工作原理

（1）奥氏体不锈钢

奥氏体不锈钢室温组织为奥氏体，它是在高铬不锈钢中加入适当的镍（质量分数为8%~25%）而形成。奥氏体不锈钢具有面心立方晶体结构，它的微观结构使它们即使在低温下也具有韧性和延展性，因此，它的力学性能和冷冲性能均很好，用途极为广泛，是最大的一类不锈钢，约占全部不锈钢的2/3。缺点是硬度偏低，并且不能采用热处理的方式强化，对含有 Cl^- 的介质敏感，易发生应力腐蚀。

根据铬、镍含量，奥氏体不锈钢可分为18-8奥氏体不锈钢、18-12奥氏体不锈钢、25-20奥氏体不锈钢。典型的奥氏体不锈钢化学成分见表3-1-3。

表3-1-3　典型的奥氏体不锈钢化学成分（质量分数）

国标牌号	化学成分/%							美标牌号
	C	Si	Mn	Cr	Ni	Mo	其他	
06Cr19Ni10	0.08	1.00	2.00	18.00~20.00	8.00~11.00	—	—	304
022Cr19Ni10	0.030	1.00	2.00	18.00~20.00	8.00~12.00	—	—	304L
07Cr19Ni10	0.04~0.10	1.00	2.00	18.00~20.00	8.00~11.00	—	—	304H
06Cr19Ni10N	0.08	1.00	2.0	18.00~20.00	8.00~11.00	—	N	304N
06Cr23Ni13	0.08	1.00	2.00	22.00~24.00	12.00~15.00	—	—	309S
06Cr25Ni20	0.08	1.00	2.00	24.00~26.00	19.00~22.00	—	—	310S
06Cr17Ni12Mo2	0.08	1.00	2.00	16.00~18.00	10.00~14.00	2.00~3.00	—	316
06Cr19Ni13Mo3	0.08	1.00	2.00	18.00~20.00	11.00~15.00	3.00~4.00	—	317
06Cr18Ni11Ti	0.08	1.00	2.00	17.00~19.00	9.00~12.00	—	Ti	321
06Cr18Ni11Nb	0.08	1.00	2.00	17.00~19.00	9.00~12.00	—	Nb	347

知识拓展

1. 304、304L、304H、304N 的区别

304L是超低碳不锈钢，碳含量在0.03%以下，从理论上来说，抗应力腐蚀比304的强，但在实际应用中效果不明显。降低碳和添加钛的目的是一样的，但加钛的321冶炼成本较高，钢水稠，价格也较高。304H是高碳不锈钢，高含碳量是高温强度的保障。GB 150标准中要求奥氏体钢在525 ℃以上时，碳含量在0.04%以上。碳化物是强化相，尤其是高温强度优于纯奥氏体。304N（美标奥氏体不锈钢）是一种含氮的不锈钢，加氮是为了提高钢的强度。304N不锈钢适用于对冷成形性要求高的地方，要求切削条件下使用。

2. 奥氏体不锈钢的演变

奥氏体不锈钢的演变如图3-1-4所示。

说明：347是加入Nb、Ta的不锈钢，适于高温下使用（超低碳不锈钢无法代替）。

316、317不锈钢中加入了Mo，用于海洋工业或化学工业中要求抗点蚀的环境。

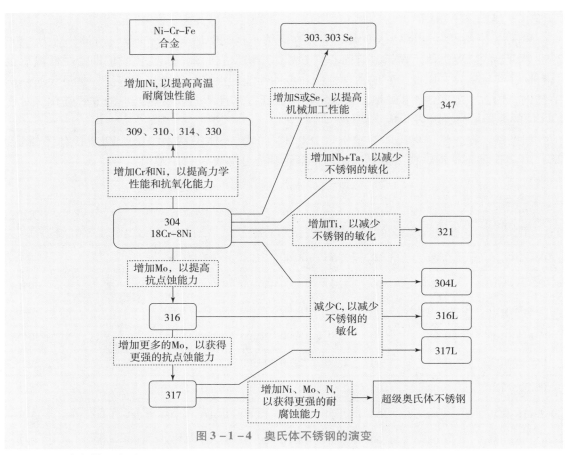

图 3-1-4 奥氏体不锈钢的演变

（2）铁素体不锈钢

铁素体不锈钢具有体心立方晶体结构，其在室温下和纯铁相同。主要的合金元素为铬，其含量一般为 11%~17%。其中的碳含量较低，这也导致此类不锈钢的强度较为有限，延展性较低，同时，它们不可以通过热处理硬化，不适合作为结构材料。相比于奥氏体不锈钢，因为不存在镍元素，铁素体不锈钢的材料成本一般相对较低。同时，铬含量的增加能提高铁素体不锈钢的耐磨蚀能力。铁素体不锈钢主要适用于氧化性介质（硝酸、硝铵、维尼纶生产中的吸收塔、换热器），在还原性介质中耐磨蚀性差。其在含有氮化物介质中的抗应力磨蚀开裂能力是突出特点之一，比铬、镍奥氏体不锈钢还优秀，但当出现点磨蚀和晶间磨蚀时，则会引发应力磨蚀开裂。铁素体不锈钢对晶间磨蚀、点磨蚀、缝隙磨蚀都很敏感，但在降低碳的含量、添加钼元素后会得到改善。典型的铁素体不锈钢化学成分（质量分数）见表 3-1-4。

表 3-1-4　典型的铁素体不锈钢化学成分（质量分数）

国标牌号	化学成分/%							美标牌号
	C	Si	Mn	Cr	Ni	Mo	其他	
06Cr13Al	0.08	1.00	1.00	11.50~14.50	0.60	—	—	405
022Cr11Ti	0.030	1.00	1.00	10.50~11.70	0.60	—	—	409
10Cr17	0.12	1.00	1.00	16.00~18.00	0.60	—	—	430

（3）马氏体不锈钢

马氏体不锈钢具有密排六方晶体结构，因为添加了碳，它们可以通过与碳钢类似的方式通过热处理来硬化和增强。主要合金元素是铬，含量是 12%~15% 。马氏体不锈钢经热处理可以淬硬。当加热到居里点以上时，它们具有奥氏体微观结构。在奥氏体状态时，冷却迅速产生马氏体，而冷却缓慢则促进铁素体和渗碳体的形成。碳含量的变化导致了广泛的力学性能，这使得它们适用于工程钢和工具钢。碳含量的增加使不锈钢的硬度和强度增加，而碳含量的减少使合金的韧性和成形性提高。然而，添加更多的碳导致较低的铬维持马氏体组织。因此，以牺牲耐腐蚀性为代价获得更高的强度。它们的耐腐蚀性通常低于铁素体和奥氏体不锈钢。

典型的马氏体不锈钢化学成分见表 3-1-5。

表 3-1-5 典型的马氏体不锈钢化学成分（质量分数）

国标牌号	化学成分/%							美标牌号
	C	Si	Mn	Cr	Ni	Mo	其他	
12Cr13	0.15	1.00	1.00	11.50~13.50	0.60	—	—	410
20Cr13	0.16~0.25	1.00	1.00	12.00~14.00	0.60	—	—	420

不锈钢晶体结构如图 3-1-5 所示。

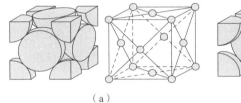 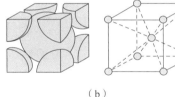 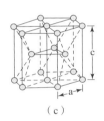

（a） （b） （c）

图 3-1-5 不锈钢晶体结构

（a）奥氏体不锈钢晶体结构；（b）铁素体不锈钢晶体结构；（c）马氏体不锈钢晶体结构

（4）奥氏体-铁素体双相不锈钢

奥氏体-铁素体双相不锈钢结合了单相奥氏体与单相铁素体不锈钢的优点，一方面，奥氏体相降低了高铬铁素体不锈钢的脆性，防止了晶粒长大的倾向，提高了韧性和焊接性能；另一方面，铁素体相提高了奥氏体不锈钢的强度，降低了线膨胀系数和焊接热裂纹倾向，同时，大大提高了耐腐蚀性能。

典型的奥氏体-铁素体不锈钢化学成分见表 3-1-6。

表 3-1-6 典型的奥氏体-铁素体不锈钢化学成分（质量分数）

国标牌号	化学成分/%							美标牌号
	C	Si	Mn	Cr	Ni	Mo	其他	
022Cr22Ni5Mo3N	0.030	1.00	2.00	22.00~23.00	4.50~6.50	2.50~3.50	—	2253
022Cr25Ni7Mo4N	0.030	0.80	1.20	24.00~26.00	6.00~8.00	3.00~5.00	—	2507

（5）沉淀硬化（PH）型不锈钢

沉淀硬化（PH）型不锈钢基体为奥氏体或马氏体组织，通过沉淀硬化处理使其硬化。这种钢具有高强度、高韧性、良好的耐腐蚀性能，通常作为耐磨、耐腐蚀、高强度结构使用，如轴、齿轮、弹簧、阀等零件，以及高强度压力容器、航空航天设备和化工设备。

2. 不锈钢性能

不同组织不锈钢的物理性能对比见表 3-1-6。

表 3-1-6　不同组织不锈钢的物理性能对比

项目	奥氏体不锈钢	铁素体不锈钢	马氏体不锈钢
电阻率	约 5 倍	约 4 倍	约 4 倍
热传导率	约 1/3	约 1/2	约 1/2
热膨胀系数	约 1.6 倍	几乎相同	几乎相同
磁性	无	有	有
淬火硬化性	无	无	有

注：与低碳钢比较。

不同组织不锈钢的焊接性能与力学性能对比见表 3-1-7。

表 3-1-7　不同组织不锈钢的焊接性能与力学性能对比

不锈钢种类	焊接性能	塑性	耐高温性能	代表牌号
奥氏体不锈钢	良好	良好	良好	304、310、316
铁素体不锈钢	一般	中等	良好	430
马氏体不锈钢	较差	较差	较差	410、420
双相不锈钢	良好	中等	较差	2205

3. 不锈钢的腐蚀

电力、化工和石油提炼等工业部门中的许多容器、管道、阀门、泵等不锈钢零件都因与各种腐蚀性介质接触遭受腐蚀而报废，不锈钢腐蚀类型有均匀腐蚀、晶间腐蚀、应力腐蚀、点腐蚀、缝隙腐蚀、电化学腐蚀。不锈钢各种腐蚀的实物图如图 3-1-6 所示。

（1）均匀（全面）腐蚀

全面腐蚀是金属裸露表面发生大面积的较为均匀的腐蚀，这种腐蚀基本上是由于不锈钢的性能不足以抵抗化学溶液的腐蚀，通俗地讲，就是不锈钢的"牌号"不够。要想防止这样全面腐蚀，一般都是使用较高"牌号"的不锈钢，顺序一般为 304、304L、321、316、316L。这种腐蚀虽然降低构件受力有效面积及其使用寿命，但比局部腐蚀的危害性小。这种腐蚀主要与材料所处的环境、介质的浓度及温度等因素有关，一般从焊接材料的选择和环境方面加以控制。

（2）晶间腐蚀

奥氏体在焊接中被加热到 450~850 ℃时，晶间内的铬容易与碳一起沉淀出来形成碳化

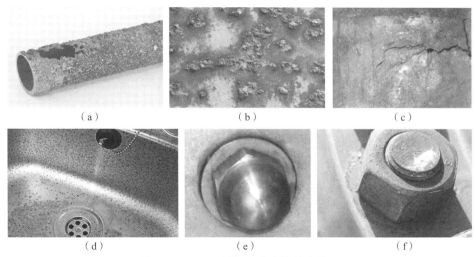

图 3-1-6　不锈钢各种腐蚀的实物图

（a）均匀腐蚀；（b）晶间腐蚀；（c）应力腐蚀；（d）点腐蚀；（e）缝隙腐蚀；（f）电化学腐蚀

铬。由于碳和铬的亲和力很大，从而形成贫铬区，显著降低不锈钢的耐腐蚀性。主要应从焊接材料选择、焊接线能量控制、采取合适的热处理方式等方面加以控制。在焊接材料选择方面，应选用碳含量较低的焊接材料及选用含 Ti、Nb 等强碳化物形成元素的焊接材料，如 304L、316L 的含量在 0.03% 以下时，降低碳含量可提升抗晶间腐蚀能力。另外，使用添加对碳的亲和力比铬更强的钛（铌）的不锈钢如 321，以增强铬元素的稳定性，从而提高抗晶间腐蚀能力。在焊接线能量控制方面，尽量减少焊缝在 450~850 ℃ 的停留时间，避免形成贫铬区。在热处理方面，对于铁素体不锈钢，可以在 700~800 ℃ 之间回火，对于奥氏体不锈钢，可以采取固溶处理（1 100~1 150 ℃ 保温，然后水冷）。

（3）应力腐蚀

金属在腐蚀介质及拉应力（外加应力或内应力）的共同作用下产生破裂现象。原因之一是大部分高温设备的内表面在加工制造后尚有一些残余内应力。如果仅有拉伸应力而无压应力，那么随着应力的存在，就会发生腐蚀裂纹。氯化物、烧碱溶液及硫酸钠、含有一定氯离子的自来水都是工业上常用的溶剂，也是不锈钢的常见"杀手"。不高于 60 ℃ 的氯化钠溶液就足以在应力区域引起裂纹，而烧碱溶液中只需要 20% 的氢氧化钠溶液在 130 ℃ 便可促使裂纹出现。

应从焊接材料选择、焊接应力消除、介质侵蚀性减弱、设计方面加以控制，具体措施如下：

①正确选择材料及合理调整焊缝成分。高纯铬-镍奥氏体不锈钢、高硅铬-镍奥氏体不锈钢、铁素体-奥氏体不锈钢、高铬铁素体不锈钢等具有较好的抗应力腐蚀性能，焊缝金属为奥氏体-铁素体双相钢组织时，抗应力腐蚀性良好。选用 C、N、P 含量低，Mo、Ni、Cr 含量高的焊接材料。

②消除或减小残余应力。进行焊后消除应力热处理，采用抛光、喷丸和锤击等机械方法来降低表面残余应力。

③合理的结构设计，以避免产生较大的应力集中。

④降低氯离子溶液中的氧含量。

（4）点腐蚀

点腐蚀是在不锈钢表面局部区域出现向深处发展的小孔，其余区域不腐蚀或轻微腐蚀的现象。它总是始于有氯元素存在的 100 ℃以上温度中不锈钢钝化膜的细小破损。一旦在不锈钢表面形成点腐蚀，则隔绝了氧与金属的接触，阻止了铬的再钝化。然后腐蚀就迅速扩散到不锈钢内部，点随之慢慢扩大，如果不加以控制，往往演变为全面腐蚀。如地下输油、油气管道或换热器管道。

（5）缝隙腐蚀

缝隙腐蚀是由金属与金属之间的缝隙内介质长期的滞留而引起的。例如，用螺栓将两片金属板拴接在一起，当接触到电解质溶液时，借助毛细管作用使电解质溶液吸附于两个金属板之间，进而排斥了氧气，最后腐蚀发生在缝隙之间。如果电解质是氯化钠并被加热，那么腐蚀过程就会明显变快。因此，在设计时应避免易产生缝隙腐蚀的联结方式。

（6）电化学腐蚀

当两种不同的金属接触在一起，并侵入电解质溶液中的时候，惰性较小的金属就成为阳极，惰性较大的金属成为阴极，而且阳极金属会不断产生离子移向阴极，使阳极金属本身被腐蚀。

不锈钢腐蚀原理示意图如图 3－1－7 所示。

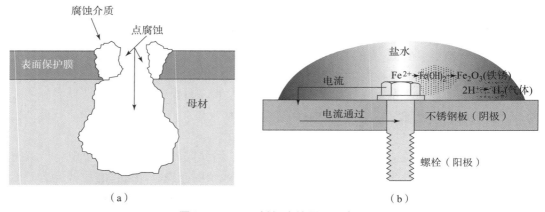

图 3－1－7　不锈钢腐蚀原理示意图
（a）点腐蚀原理；（b）电化学腐蚀原理

4. 不锈钢点蚀当量

点蚀当量值又称为耐点蚀当量（Pitting Resistance Equivalent Number，PREN），是一种以金属中某些元素的质量分数为基础计算的一套算法，其数值常被用于耐点腐蚀比较的评定方法。PREN 值可以根据合金的化学成分按照不同的公式算出，有些公式适合不锈钢，另一些更适合镍基合金。以下公式是用量最广的：$PREN = Cr\% + 3.3 \times Mo\% + 1$，具有较高的 PREN 值的金属表现出比 PREN 值低的金属更耐局部腐蚀。用这个公式计算出来的值，基本表现了相对耐点腐蚀程度。一般来说，PREN 值大于 32 的金属可用于耐海水点腐蚀。为安全和稳定起见，PREN 值大于 40 的材料如 S31254 超级不锈钢和 S32750 超级双相钢常用于海洋环境。不同不锈钢点腐蚀当量比较如图 3－1－8 所示。

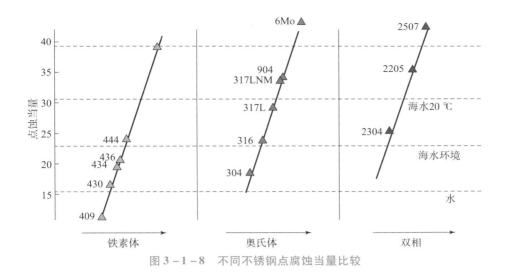

图 3 - 1 - 8　不同不锈钢点腐蚀当量比较

知识二：不锈钢焊条

一、不锈钢焊条分类

1. 奥氏体型不锈钢焊条

奥氏体型不锈钢焊接材料按等成分的原则选择焊接材料，以保证与母材相同或相近的热强性、耐腐蚀性等，同时，应当注意焊缝金属中铁素体含量的控制。根据 GB/T 983—2012《不锈钢焊条》，常用奥氏体型不锈钢焊接材料见表 3 - 1 - 8。

表 3 - 1 - 8　常用奥氏体不锈钢焊接材料

母材类型	焊条		
	型号	牌号	合金系统
06Cr19Ni10N	E308L - 16	A102	18 - 8
06Cr18Ni9	E308L - 15	A107	18 - 8
06Cr17Ni12Mo2	E316 - 16	A202	18 - 12
022Cr17Ni12Mo2	E316L - 16	A022	18 - 12
06Cr18Ni11Ti	E347 - 16	A132	18 - 12
06Cr18Ni11Nb			
06Cr23Ni13	E309 - 15	A302	25 - 13
06Cr25Ni20	E310 - 15	A402	25 - 20
20Cr25Ni20			

2. 铁素体型不锈钢焊条

铁素体型不锈钢焊接材料分两类：一类是同质的铁素体焊条，另一类是异质的奥氏体焊条。选用同质的铁素体焊条作为填充材料，焊缝的塑性低、韧性差。选用异质的奥氏体焊条，改善了焊缝的塑性和韧性，但焊缝的耐腐蚀性要低于同质接头。用于高温条件下的铁素体不锈钢，必须采用同质的铁素体焊条。

常用铁素体不锈钢焊接材料见表 3 - 1 - 9。

表 3 - 1 - 9　常用铁素体不锈钢焊接材料

母材类型	对接头性能的要求	焊条			预热与热处理
		型号	牌号	合金系统	
10Cr17	耐硝酸及耐热	E430 - 16	G302	Cr17	预热 100～200 ℃ 焊后 750～800 ℃ 回火
022Cr18Ni7					
10Cr17	提高焊缝塑性	E316 - 15	A207	18 - 12Mo2	不预热 焊后不热处理
022Cr18Ni7					
16Cr25N	提高抗氧化性	E309 - 15	A307	25 - 13	不预热 焊后 750～800 ℃ 回火
00Cr27N	提高焊缝塑性	E310Mo - 16	A412	25 - 20Mo2	焊后不热处理

3. 马氏体型不锈钢焊条

马氏体型不锈钢焊接材料可以选择与母材成分相同或相近的焊接材料，也可以选用奥氏体焊接材料，奥氏体焊缝金属具有良好的塑性，可以降低接头的残余应力和裂纹倾向，但对于高温下工作的零件，最好采用成分与母材基本相同的同质焊缝。若采用奥氏体焊接材料，由于填充材料与马氏体不锈钢有较大的差别，接头在高温下长期工作时，焊缝中会产生较高的热应力，从而导致接头提前失效。

二、奥氏体不锈钢的焊条选用要点

不锈钢主要用于耐腐蚀，但也用作耐热钢和低温钢。因此，在焊接不锈钢时，焊条的性能必须与不锈钢的用途相符。不锈钢焊条必须根据母材和工作条件（包括工作温度和接触介质等）来选用。

①一般来说，焊条的选用可参照母材的材质，选用与母材成分相同或相近的焊条。如 A102 对应 0Cr18Ni9、A137 对应 1Cr18Ni9Ti。

②由于碳含量对不锈钢的抗腐蚀性能有很大的影响，因此，一般选用熔敷金属含碳量不高于母材的不锈钢焊条。如 316L 必须选用 A022 焊条。

③奥氏体不锈钢的焊缝金属应保证力学性能。可通过焊接工艺评定进行验证。

④对于在高温工作的耐热不锈钢（奥氏体耐热钢），所选用的焊条主要应能满足焊缝金属的抗热裂性能和焊接接头的高温性能。

对于 Cr/Ni≥1 的奥氏体耐热钢，如 1Cr18Ni9Ti 等，一般均采用奥氏体 - 铁素体不锈钢焊条，以焊缝金属中含 2%～5% 铁素体为宜。铁素体含量过低时，焊缝金属抗裂性差；若过高，则在高温长期使用或热处理时，易形成 σ 脆化相，造成裂纹。如 A002、A102、A137。

在某些特殊的应用场合，要求采用全奥氏体的焊缝金属时，可采用比如 A402、A407 焊条等。

⑤对于在各种腐蚀介质中工作的耐蚀不锈钢，则应按介质和工作温度来选择焊条，并保

证其耐腐蚀性能（做焊接接头的腐蚀性能试验）。

对于工作温度在 300 ℃ 以上、有较强腐蚀性的介质，须采用含有 Ti 或 Nb 等稳定性元素或超低碳不锈钢焊条。如 A137 或 A002 等。

对于含有稀硫酸或盐酸的介质，常选用含 Mo 或含 Mo、Cu 的不锈钢焊条。如 A032、A052 等。

对于腐蚀性弱或仅为避免锈蚀污染的设备，方可采用不含 Ti 或 Nb 的不锈钢焊条。为保证焊缝金属的耐应力腐蚀能力，采用超合金化的焊材，即焊缝金属中的耐蚀合金元素（Cr、Ni 等）含量高于母材。如采用 00Cr18Ni12Mo2 类型的焊接材料（如 A022）焊接 00Cr19Ni10 焊件。

⑥对于在低温条件下工作的奥氏体不锈钢，应保证焊接接头在使用温度下的低温冲击韧性，故采用纯奥氏体焊条。如 A402、A407。

⑦也可选用镍基合金焊条。如采用 Mo 达 9% 的镍基焊材焊接 Mo6 型超级奥氏体不锈钢。

⑧根据焊条药皮类型进行选择。

由于双相奥氏体钢焊缝金属本身含有一定量的铁素体，具有良好的塑性和韧性，从焊缝金属抗裂性角度进行比较，碱性药皮与钛钙型药皮焊条的差别不像碳钢焊条那样显著。因此，在实际应用中，从焊接工艺性能方面着眼较多，大都采用药皮类型代号为 17 或 16 的焊条（如 A102A、A102、A132 等）。

只有在结构刚性很大或焊缝金属抗裂性较差（如某些马氏体铬不锈钢、纯奥氏体组织的铬镍不锈钢等）时，才可考虑选用药皮代号为 15 的碱性药皮不锈钢焊条（如 A107、A407 等）。

知识拓展

铁素体不锈钢的焊接

（一）铁素体不锈钢的焊接特点

1. 晶间腐蚀

普通铁素体不锈钢焊接接头在加热到 950 ℃ 以上的温度区域冷却下来后，会出现晶间腐蚀的倾向，然后在 700~850 ℃ 进行短时间保温退火处理，又可恢复其耐蚀性；而奥氏体不锈钢晶间腐蚀的温度在 600~1 000 ℃ 的区域。

应用：汽车尾气排放系统用铁素体不锈钢制造。

2. 焊接接头的脆化

普通铁素体不锈钢易出现高温脆化、σ 相脆化、475 ℃ 脆化。

（二）铁素体不锈钢的焊接工艺

1. 铁素体不锈钢的焊接性

普通铁素体不锈钢焊接的主要问题有冷裂倾向和焊接接头的脆化。

（1）冷裂倾向

焊接碳含量大于 16% 的铁素体不锈钢时，近缝区晶粒急剧长大而引起脆化；同时，常温韧性较低，如果接头刚性较大，容易在接头上产生冷裂纹。在使用铬钢焊接材料时，为了防止过热脆化和产生裂纹，常采用低温预热，使接头处于富韧性状态下进行焊接。

（2）焊接接头的脆化

这类钢的晶粒在 900 ℃以上极易粗化，加热至 475 ℃附近或自高温缓冷至 475 ℃附近、在 550~820 ℃温度区间停留（形成相），均会使接头的塑性、韧性降低而脆化。

2. 铁素体不锈钢焊接工艺要点

（1）低温预热

普通铁素体不锈钢在室温时韧性较低，通过 100~200 ℃的预热，能有效防止裂纹的产生，但预热温度过高时，又会使焊接接头过热而脆硬。

（2）焊接材料的选择

主要有两大类，即同质铁素体不锈钢和异质的奥氏体型。同质铁素体型焊接材料的优点是焊缝颜色与母材的相同、线膨胀系数和耐蚀性大体相同；缺点是同质焊缝的抗裂性不高。当要求具有高抗裂韧性，而且不能进行预热和焊后热处理时，可采用异质的奥氏体型焊接材料。但要注意：焊接材料应是低碳的；焊后不可进行退火处理，因铁素体钢的退火温度（780~850 ℃）正好是奥氏体钢敏化温度区间，易引起晶间腐蚀和脆化；奥氏体钢焊缝的颜色和性能与母材的不同。

（3）焊后热处理

对于同质材料焊成的铁素体不锈钢焊接接头，热处理的目的是使焊接接头组织均匀化，从而提高其塑性及耐蚀性。焊后的热处理温度为 750~800 ℃，是一般回火温度。

（三）铁素体对不锈钢性能的影响

1. 一般原则

不锈钢焊缝金属中的铁素体含量对于焊接结构的制造和使用性能有重要影响。为了防止问题产生，常常要规定一定的铁素体含量。铁素体含量最初采用质量分数（%）表示，目前通用的是用铁素体数（FN）表示。

2. 铁素体的作用

在奥氏体不锈钢焊件中，铁素体最重要和有益的作用是可以降低某些不锈钢焊缝的热裂纹倾向。铁素体含量的下限要求对于避免产生裂纹是必要的，除其他因素外，铁素体含量与焊缝金属成分存在一定关系。但当铁素体含量超过一定的限制时，可能会降低力学性能或耐腐蚀性能，也可能两者同时存在。在适用并允许的规范内，所要求的铁素体含量可以通过调整形成铁素体的元素（如铬）与产生奥氏体元素（如镍）的比例来确定。

3. 成分和组织间的关系

焊缝中铁素体含量一般用磁性检测仪进行测量，测量结果用 FN 表示。由于成分和组织是相关联的，即铁素体元素（铬当量）和奥氏体元素（镍当量）含量影响组织，因此，铁素体含量也可以通过相图进行估算。

舍夫勒组织图（Schaeffler Diagram）（图 3-1-9）表征不锈钢焊缝金属的化学组成（不计氮元素）与相组织的定量关系图。组织图中，纵坐标用 Nieq（镍当量）表示，镍当量是反映不锈钢焊缝金属组织奥氏体化程度的指标。其量值是根据焊缝金属组织中包含的奥氏体元素（如镍、碳、锰等），按其奥氏体化作用的强烈程度折算成相当于若干个镍的总和；横坐标用 Creq（铬当量）来表示，铬当量是反映焊缝金属组织的铁素体化程度的指标，其量值是根据参与焊缝组织中的铁素体化元素（如铬、钼、硅、铌等），按其铁素体化作用的强烈程度，折算成相当于若干个铬的总和。

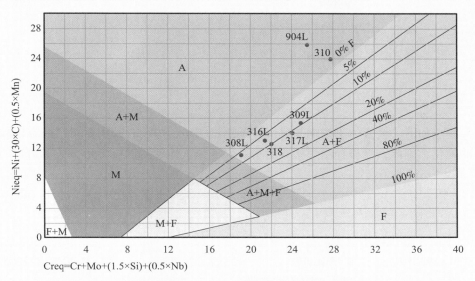

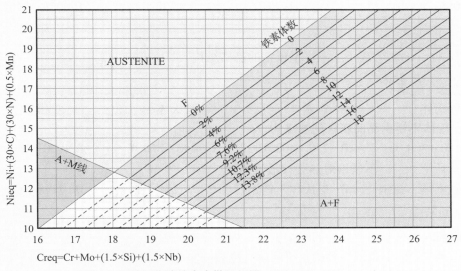

图 3 - 1 - 9　传统的舍夫勒组织图（Schaeffler Diagram）

舍夫勒组织图考虑了化学成分对组织的影响（未考虑 N 的影响），但未考虑到实际结晶条件及合金元素存在形态的影响。

Creq =（Cr）+ 2（Si）+ 1.5（Mo）+ 5（V）+ 5.5（Al）+ 1.75（Nb）+ 1.5（Ti）+ 0.75（W）

Nieq =（Ni）+（Co）+ 0.5（Mn）+ 0.3（Cu）+ 25（N）+ 30（C）

FN = 3.34Creq − 2.46Nieq − 28.6

通过以下公式也可以粗略预测不锈钢组织：

Creq/Nieq < 1.5　　　　　　（奥氏体）

Creq/Nieq > 2.0　　　　　　（铁素体）

1.5 ≤ Creq/Nieq ≤ 2.0 双相组织　（奥氏体 + 铁素体）

1.6　拓展任务

铁素体不锈钢板 T 形接头平角焊

任务要点如下：铁素体不锈钢与奥氏体不锈钢相比，焊接时的主要问题是冷裂倾向和焊接接头的脆化，因此，严格控制焊接线能量是保证铁素体不锈钢板 T 形接头平角焊的关键。

习题

一、选择题

1. 以下属于奥氏体不锈钢的是（　　　）。

A. 06Cr19Ni10　　　　B. 10Cr17　　　　C. 20Cr13　　　　D. 022Cr22Ni5Mo3N

2. 以下（　　　）不锈钢的耐腐蚀性最强。

A. 06Cr19Ni10　　　　B. 022Cr19Ni10　　　C. 06Cr23Ni13　　　D. 06Cr17Ni12Mo2

3. 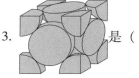 是（　　　）不锈钢的晶格结构。

A. 奥氏体　　　　　　B. 铁素体　　　　　C. 马氏体　　　　　D. 双相

4. 奥氏体不锈钢晶间腐蚀的温度为（　　　）。

A. 150 ~ 300 ℃　　　B. 250 ~ 400 ℃　　　C. 450 ~ 850 ℃　　　D. 900 ~ 1200 ℃

5. 以下（　　　）不锈钢对热裂纹最敏感。

A. 铁素体不锈钢　　　B. 奥氏体不锈钢　　　C. 马氏体不锈钢　　　D. 双相不锈钢

二、判断题

1. 铁素体数只受化学成分的影响，不受焊接参数的影响。　　　　　　　　　（　　　）

2. 普通铁素体不锈钢焊接的主要问题有冷裂倾向和焊接接头的脆化。　　　　（　　　）

3. 奥氏体不锈钢焊接时，与腐蚀介质接触的焊缝最后焊。　　　　　　　　　（　　　）

4. 在相同的焊接条件下，铁素体不锈钢的焊接变形倾向比奥氏体不锈钢的大。（　　　）

5. 铁素体不锈钢对应力腐蚀的敏感度小于奥氏体不锈钢。　　　　　　　　　（　　　）

三、简答题

1. 简述奥氏体不锈钢的焊接特点与焊接工艺要点。

2. 简述铁素体不锈钢的焊接特点与焊接工艺要点。

3. 简述不锈钢腐蚀的种类。

4. 简述奥氏体不锈钢的选用原则及要点。

5. 简述应力腐蚀产生的条件。

马氏体不锈钢管对接垂直固定焊

学习目标

1. 知识目标
- 掌握马氏体不锈钢的焊接特点。
- 掌握焊条电弧焊马氏体不锈钢管对接垂直固定焊的工艺要点与操作方法。

2. 技能目标
- 具有马氏体不锈钢管对接垂直固定焊的焊前准备能力。
- 具有马氏体不锈钢管对接垂直固定焊的焊接工艺编制能力。
- 具有马氏体不锈钢管对接垂直固定焊的操作能力。

3. 素质目标
- 培养学生分析问题、解决问题的能力。
- 培养学生细致认真、一丝不苟、精益求精的工程素养。

2.1 任务描述

按照表 3 - 2 - 1 的要求，完成工件实作任务。

表 3 - 2 - 1 马氏体不锈钢管垂直固定焊任务表

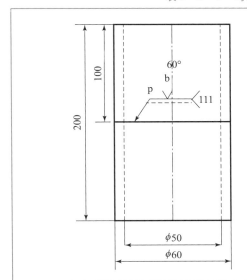

具体要求：
1. 会进行马氏体不锈钢管对接接头正确装配。
2. 能对马氏体不锈钢管对接垂直固定焊进行工艺分析。
3. 掌握马氏体不锈钢管垂直固定焊的操作技能技巧。
4. 能焊出符合技术要求的焊缝。

焊接方法	焊条电弧焊
焊接设备	交直流焊条电弧焊机
焊件材质	12Cr13
焊条型号	E410 - 15 （G207）
焊条规格	$\phi2.5$ mm、$\phi3.2$ mm

2.2 任务分析

马氏体不锈钢有强烈的冷裂倾向，并具有较大的晶粒长大倾向。冷却速度较小时，焊接热影响区易产生粗大的铁素体和碳化物；冷却速度较大时，热影响区会产生硬化现象，形成粗大的马氏体。这些粗大的组织都使马氏体不锈钢焊接热影响区塑性和韧性降低而脆化。因此，焊接时应采取以下措施：

①焊前应预热至 250～350 ℃方可进行焊接（层间温度一般不低于预热温度）。

②采用大线能量、较大的焊接电流，可以减缓冷却速度（但也不能太慢）。

③焊后缓冷到 150～200 ℃，并进行焊后热处理，以消除焊接残余应力，去除接头中扩散氢，同时也可以改善接头的组织和性能。

马氏体不锈钢焊接的工艺要点主要有两个：第一，要正确地选择焊接材料；第二，降低焊后的冷却速度。

（1）控制焊缝金属的化学成分

为了保证焊接结构的使用性能，焊缝金属可以通过两个途径获得：一是采用与母材金属化学成分相同或相近的焊接材料（进行预热或热处理）；二是采用与母材金属化学成分完全不同的焊接材料，如采用奥氏体不锈钢焊接材料（不进行预热或热处理）。

焊接马氏体不锈钢用焊条分为铬不锈钢焊条和铬镍奥氏体不锈钢焊条两大类。常用铬不锈钢焊条有 E1－13－16（G202）、E1－13－15（G207）；常用铬镍奥氏体不锈钢焊条有 E0－19－10－16（A102）、E0－19－10－15（A107）、E0－18－12Mo2－16（A202）、E0－18－12Mo2－15（A207）等。

（2）焊前预热、焊后回火和焊后热处理

①预热温度的选择与材料厚度、填充金属种类、构件的拘束程度有关。预热温度不宜过高，否则，将使奥氏体晶粒粗大。焊前需预热，预热温度一般选在 200～320 ℃，最好不高于马氏体开始转变温度。

表 3－2－2　马氏体不锈钢推荐的预热、热输入及焊后热处理

含碳量/%	预热温度/℃	热输入	焊后热处理
≤0.10	≤200	一般	任选
0.10～0.20	200～250		任意缓慢冷却
0.20～0.30	250～320	大	必须焊后热处理
＞0.50	250～320		必须焊后热处理

②焊后回火前的温度。

工件焊后不应从焊接温度直接升温进行回火处理。因为在焊接过程中奥氏体可能未完全转变，如焊后立即升温回火，会出现碳化物沿奥氏体晶界沉淀和奥氏体向珠光体转变，产生晶粒粗大的组织，严重降低韧性。因此，回火前应使焊件冷却，让焊缝和热影响区的奥氏体基本分解完。对于刚度小的构件，可以冷至室温后再回火；对于大厚度的结构，特别当碳含量较高时，需采用较复杂的工艺，焊后冷至 100～150 ℃，保温 0.5～1.0 h，然后加热至回火温度。

③焊后热处理。

焊后热处理的目的是降低焊缝和热影响区硬度，改善其塑性和韧性，同时减小焊接残余应力。焊后热处理包括回火和完全退火。只有在为了得到最低硬度，如需焊后机加工时，才采用完全退火，退火温度为 830～880 ℃，保温 2 h 后炉冷至 595 ℃，然后空冷。高铬马氏体不锈钢一般在淬火＋回火的调质状态下焊接，焊后经高温回火处理，使焊接接头具有良好的力学性能。如果在退火状态下焊接，焊后仍会出现不均匀的马氏体组织，整个焊件还需经过

调质处理，使接头具有均匀的性能。

2.3　任务实施

（一）完成焊前准备工作

见项目三任务一，但需注意，焊前将工件预热至 250～350 ℃。

（二）填写焊接工艺卡

见项目一任务一。

本项目焊接参数见表 3 – 2 – 3。

表 3 – 2 – 3　焊接参数

层次	层数	道数	焊条型号	焊条直径/mm	焊接电流/A	运条
	点固		E410 – 15	2.5	75～80	
	打底	1—1	E410 – 15	2.5	80～85	断弧
	盖面	2—1	E410 – 15	2.5	80～90	连弧
		2—2	E410 – 15	2.5	80～85	连弧

（三）操作过程

本任务操作技巧与项目二任务一低合金高强度钢管 V 形坡口对接垂直固定焊基本类似，在此不作介绍。

（四）完成焊后工作

见项目二任务一。

2.4　任务检查

见项目二任务一。

2.5　知识链接

马氏体不锈钢焊接特点如下：

（1）焊接接头的裂纹

马氏体不锈钢有强烈的冷裂倾向，焊缝及热影响区焊后均为硬而脆的马氏体组织，钢中含碳量越高，冷裂倾向越大。焊接时，在温度超过 1 150 ℃ 的热影响区内，晶粒显著长大。过快或过慢的冷却都可能引起接头脆化。例如，1Cr13 钢焊后冷却速度小于 10 ℃/s 时，在热影响区将得到粗大的铁素体加碳化物组织，使塑性显著降低；当冷却速度大于 40 ℃/s 时，则会产生粗大的马氏体组织，同样也使塑性下降。

（2）焊接接头的脆化

马氏体不锈钢高温状态下晶粒容易粗大，焊后快速冷却时，焊缝区组织形成粗大且脆硬的马氏体；冷却速度较慢时，则出现粗大的铁素体和碳化物组织，都导致接头脆化问题产生。焊前预热和焊后热处理都必须注意。但马氏体不锈钢焊接接头的脆化没有铁素体不锈钢敏感。

各种不锈钢焊接性比较见表 3 - 2 - 4。

表 3 - 2 - 4　各种不锈钢焊接性比较

种类	焊接性	预热	冷裂纹	热裂纹	475 ℃脆化
奥氏体不锈钢	＋＋＋	不预热	不敏感	敏感	不敏感
铁素体不锈钢	＋	100～200 ℃	较敏感	不敏感	非常敏感
马氏体不锈钢	－－	200～350 ℃	非常敏感	不敏感	不敏感
双相不锈钢	＋＋	不预热	较敏感	较敏感	较敏感

拓展知识

双相不锈钢的焊接

（一）双相不锈钢的特性

双相不锈钢由于具有奥氏体＋铁素体双相组织，钢中含有大约 50%～60% 奥氏体和 50%～40% 铁素体组织。随着加热温度的提高，两相比例变化并不明显。它的主要特点是屈服强度可达 400～550 MPa，是普通不锈钢的 2 倍，因此，可以节约用材，降低设备制造成本。在抗腐蚀方面，特别是介质环境比较恶劣（如海水，氯离子含量较高）的条件下，双相不锈钢的抗点蚀、缝隙腐蚀、应力腐蚀及腐蚀疲劳性能明显优于普通的奥氏体不锈钢。

（二）双相不锈钢的焊接性能

双相不锈钢具有良好的焊接性能，与铁素体不锈钢及奥氏体不锈钢相比，它既不像铁素体不锈钢的焊接热影响区，由于晶粒严重粗化而使塑、韧性大幅降低，也不像奥氏体不锈钢那样，对焊接热裂纹比较敏感。由于母材中含有较高含量的 N，焊接近缝区不会形成单相铁素体区，奥氏体含量一般不低于 30%。焊接热过程的控制、焊接线能量、层间温度、预热及材料厚度等都会影响焊接时的冷却速度，从而影响到焊缝和热影响区的组织与性能。冷却速度太快和太慢都会影响到双相不锈钢焊接接头的韧性和耐腐蚀性能。冷却速度太快时，会引起 α 相含量增加以及 Cr_2N 的析出增加。过慢的冷却速度会引起晶粒严重粗大，甚至有可能析出一些脆性的金属间化合物，如 σ 相。在选择线能量时，还应考虑到具体的材料厚度，线能量的上限适用于厚板，下限适用于薄板。在焊接合金含量高（Cr 含量为 25%）的双相不锈钢和超级不锈钢时，为获得最佳的焊缝金属性能，建议最高层间温度控制在 100 ℃，线能量控制在 1.0 kJ/mm 以下。当焊后要求热处理时，可以不限制层间温度。

2.6　任务拓展

双相不锈钢管对接水平固定焊

任务要点如下：

由于双相不锈钢化学成分与铁素体不锈钢及奥氏体不锈钢不同，因此，焊接性与两者也有一定的差别，控制层间温度与线能量是保证双相不锈钢质量的最重要条件。

一、选择题

1. 以下属于马氏体不锈钢的是（　　　）。

A. 06Cr19Ni10　　　　B. 10Cr17　　　　　C. 20Cr13　　　　　D. 022Cr22Ni5Mo3N

2. 以下（　　　）不是双相不锈钢的特点。

A. 耐蚀性强　　　　B. 力学性能优　　　　C. 焊接性差　　　　D. 抗腐蚀疲劳性能好

3. 双相不锈钢"双相"是指（　　　）。

A. 奥氏体 + 铁素体　　B. 铁素体 + 马氏体　　C. 马氏体 + 奥氏体　　D. 纯奥氏体

4. 马氏体不锈钢的预热温度为（　　　）。

A. 50 ~ 100 ℃　　　　B. 150 ~ 200 ℃　　　　C. 200 ~ 350 ℃　　　　D. 600 ~ 800 ℃

5. 以下（　　　）不锈钢对冷裂纹最敏感。

A. 铁素体　　　　　　B. 奥氏体　　　　　　C. 马氏体　　　　　　D. 双相

二、判断题

1. 预热是马氏体不锈钢焊接时防止冷裂纹的主要方法。　　　　　　　　　　（　　　）

2. 含碳量越高的马氏体不锈钢，预热温度越高。　　　　　　　　　　　　　（　　　）

3. 马氏体不锈钢焊接时，与腐蚀介质接触的焊缝最后焊。　　　　　　　　　（　　　）

4. 双相不锈钢焊前必须预热，焊后必须进行热处理。　　　　　　　　　　　（　　　）

5. 采用奥氏体不锈钢焊条焊接马氏体不锈钢时，不需要对马氏体不锈钢预热。（　　　）

三、简答题

1. 简述马氏体不锈钢的焊接特点与工艺要点。

2. 简述马氏体不锈钢管对接垂直固定焊操作方法。

参考文献

［1］唐燕玲，王志红．焊工(技师 高级技师)(第 2 版)(国家职业资格培训教材．国家职业技能鉴定用书)［M］.北京：中国劳动社会保障出版社，2013.

［2］中国就业培训技术指导中心．焊工(电焊工)［M］.北京：机械工业出版社，2022.

［3］中船舰客教育科技（北京）有限公司．"1＋X"职业技能等级认证培训教材——特殊焊接技术（初级）［M］.北京：高等教育出版社，2020.

［4］中船舰客教育科技（北京）有限公司．"1＋X"职业技能等级认证培训教材——特殊焊接技术（中级）［M］.北京：高等教育出版社，2021.

［5］邱霞菲．焊接方法与设备使用［M］.北京：机械工业出版社，2013.

［6］宋金虎．焊接方法与设备［M］.北京：北京理工大学出版社，2021.

［7］人力资源和社会保障部教材办公室．焊工技能训练（第四版）［M］.北京：中国劳动社会保障出版社，2014.

［8］雷世明．焊接方法与设备（第 3 版）［M］.北京：机械工业出版社，2019.

［9］人力资源社会保障部职业能力建设司．焊工（基本素质）——国家基本职业培训包教程［M］.北京：中国劳动和社会保障出版社，2019.

［10］周文军，张能武．焊接工艺实用手册［M］.北京：机械工业出版社，2020.

［11］张连生．金属材料焊接［M］.北京：机械工业出版社，2010.

［12］侯勇．焊条电弧焊［M］.北京：机械工业出版社，2021.